A WORLDWIDE GUIDE PLANKTON

迫力ビジュアル図鑑 プランクトンの世界

A WORLDWIDE GUIDE

PLANKTON

迫力ビジュアル図鑑

プランクトンの世界

著　トム・ジャクソン＆ジェニファー・パーカー
監修　アンドリュー・ハースト
日本語版監修　小針 統
訳　和田 侑子

PLANKTON
A WORLDWIDE GUIDE

Published in 2024 by Princeton University Press

Conceived, designed, and produced by
The Bright Press
an imprint of The Quarto Group

Illustrations: John Woodcock
Cover and prelim photos:
Front cover: British Antarctic Survey/
Science Photo Library
Endpapers: Norman Kruing/USGS/NASA
Page 2: Alexander Semenov/Getty Images
Page 4–5: Scenics & Science/Alamy

This Japanese edition was produced and published
in Japan in 2025
by Graphic-sha Publishing Co., Ltd.
1-14 -17 Kudankita, Chiyodaku, Tokyo 102- 0073,
Japan

CONTENTS 目次

FOREWORD 序文

地球が青く、水分をたっぷりと含んだわたしたちの住処となり得ているのは、主にはこの星を覆う海、湖、河川のおかげだ。生命はこうした水圏環境中で誕生したが、現在でも、水圏環境には多様な生物が生息し、地球の健康にとって重要な役割を果たしている。ここには主要な生物の系統がすべてあり、中には陸上に存在しないものまである。こうした環境と、ここに居住する生物たちが果たす役割は極めて重要だ。光合成産物は、増加し続ける人類にとっての主要なタンパク源であり、わたしたちが呼吸する酸素の半分を供給し、化石燃料を燃やすことで生じた二酸化炭素の大部分を大気中から除去している。

本書が探求するのは、この水圏環境中を漂っているプランクトンだ。よく知られている動物プランクトンや植物プランクトンから無名のグループまで、広範な種にまつわる事例を掲載し、プランクトンを探る旅を通じてその適応の仕方や生活様式についての見解を述べるだけでなく、これらの生物を収集し、集計し、評価するための技術や、こうした生物たちが果たす役割についても詳述している。

地球と人類の未来は、プランクトンの繁栄に密接に関連しているといっても過言ではない。そこで本書では、気候と温度の変化、環境への影響、それらに伴うプランクトンと水圏環境の変化についても掘り下げた。

プランクトンの形態と機能

植物プランクトンのコアミケイソウ属を覆う「彫刻された」かのようなケイ酸質の殻から、「海のサファイア」と呼ばれるサファリナ属カイアシ類のきらめく色彩や、刺胞動物オキクラゲの繊細な触手まで、本書では印象的な写真を掲載することで、プランクトンの生命形態の壮麗さを楽しめるようにした。一般社会で偉大な芸術を称賛するのと同様、本書では自然が創造した、まさに"芸術"にハイライトを当てたのだ。とはいえ、こうした生物の形態美は、その機能と密接に関連している。プランクトンは進化の過程で、開水域(海、湖、川など自然の水域)における暮らしで直面する課題を克服するために、自らの形態、生活史、行動戦略を進化させてきた。この粘性の高い環境は、大気中に比べて酸素を取りこむことがかなり困難である上に、飢えた捕食者の口がひしめきあうように待ち構えている。森林や草原とは異なり、隠れる場所もあまりない。捕食者とその餌との間の激しい生存競争の果てに、多くのプランクトン種が、ほぼ透明で視認しづらい形態になったり、非常に色の薄い水のような体になったり、急速に大きなサイズに成長できるけれど、食料としては栄養価の低い体になったり、体長の500倍の秒速で逃げられる種も現れるなど、多様な戦略が生まれた。ちなみにこれは、機体の50倍の長さをわずか1秒間で飛行するF16戦闘機の飛行速度の10倍に相当する。こうした液体の環境では、十分な資源や仲間を見つけることも楽ではない。本書では、こうした問題に対するプランクトンたちのさまざまな解決策についても解説している。

プランクトン研究

プランクトンの科学的研究は、さまざまな意味でまだ若い学問分野であるといえる。科学者たちは多くの重要な課題に急ピッチで取り組み、地球全体の元素循環を追跡する最大規模の研究から、新しく発見されたゲノムの配列決定といった分子レベルの研究まで、理解を深めようと懸命に取り組み続けている。本書を読むことで、この分野で進展しているさまざまな事柄や、新たな発見の興奮を感じとってもらえたら嬉しい。

アンドリュー・ハースト教授

p.7 | 海のサファイアとも呼ばれる海洋カイアシ類のオス。独特に輝く色をしている。メスを魅了するための求愛ダンスではらせん状に泳ぐ。この動きと色の生成法が組み合わさると、角度によって体が虹色になったり、ほとんど見えなくなったりと多様な変化を見せる。

A DRIFTER'S LIFE 漂流者の生活

プランクトンは無視されがちな存在だが、プランクトンを無視することは人類全体にとって危険ですらあり、個人にも弊害をもたらす。「世界の肺」などと称されることも多いプランクトンについては、人類全体でもっと考察すべきなのである。熱帯雨林へのこだわりは、しばらく脇に置いておこう。世界中の海洋に漂っているプランクトンが産出する酸素量は、ジャングルの森林のほぼ倍。この事実だけをとっても、プランクトンに注目すべき理由として十分だ。しかし、話はこれだけでは終わらない。これらの小さな生物は、海中のさまざまな食物連鎖の基盤である。少し例をあげるだけでも無数の魚類、クジラ、サメ、海鳥、アザラシがプランクトンに依存しつつ、海洋生態系の基盤をそれぞれに形成している。そして、魚類をはじめ、こうした海洋生物の多くは、人間が日常的に海から収穫している食料でもある。プランクトンの一生の物語は最終的にはわたしたちの食卓でも展開されているのだ。

プランクトンについて深堀りすると、世界で最もすばらしい生物のいくつかに対面できる。想像を絶する多様性をもつ数十億トンの微生物たちが水中を漂っている。大型のプランクトンには、シロナガスクジラよりも体長の長いクラゲや、内部に魚を住まわせた、「生きる水族館」とでもいうべき袋状のサルパなどがいる。最小のものには、珪酸質の複雑な骨格をもつクリスタルカット模様の微生物や、小さな稚魚、巨大な群れを成すエビに似たオキアミ、泡でいかだをつくって広い海を航行する巻貝などがいる。特筆すべきは、植物に似た微生物である植物プランクトン――わたしたちが故郷と呼ぶこの惑星を青緑色に染める主役であるにもかかわらず、そのすべてが肉眼ではほぼ見えないのだ!

プランクトンとは?

プランクトンとは、簡単にいえば、他の海洋生物に比べてあまり泳ぐことのできない、あるいはまったく泳げない水圏生物を指す。岩場の小さな水たまりから、それと比べればとてつもなく大きな大洋に至るまで、ほぼすべての水域に生息している。共通点は受動的なことで、流れ、潮汐、波に乗って運ばれるままに移動する。1880年代に登場した用語であるプランクトンは、ギリシャ語で「放浪者」を意味する。

さらに詳しくいえば、プランクトンには植物様のもの、動物様のもの、そうした区分に当てはまらない中間的なものなどがおり、あらゆる生物の複雑な多様性を網羅している。また、サイズや、エネルギーと栄養の獲得法、生活環、水圏における生態や役割など、その他にもさまざまな方法で分類できる。

これ以上厳密にプランクトンを定義することは、かなり難しい。無数に群れをなすプランクトンには、限られてはいるが自力で移動する能力をもつものもいる。これは通常、日周(昼夜の24時間)鉛直移動(DVM)の一環として行われている。多くのプランクトンが夜間に表層へ上がって餌を探し、昼間にはより安全で暗い深層に戻る。こうした移動するプランクトンは、エビやカニの仲間である小さな甲殻類の海洋カイアシ類、イカなどの軟体動物群の一種、さまざまな魚類などが数のうえでは優勢で、夕暮れになると上昇して夜の数時間を過ごし、夜明けになると昼間の光から隠れるために再び下降し、深くて暗い水域に戻る。このように上下に運動するにもかかわらず、こうした日周鉛直移動を行う生物群の自力移動は水平方向にはかなり限られており、巨大な海流の規模から考えると、通常は無視できる程度に過ぎない。

陰の英雄たち

ほとんどが極小サイズであるなど、いくつかの理由から、プランクトンは「海のスープ」と目され、無数の食物連鎖や生態系の基盤となっている。微小な植物プランクトンは、陸上の植物同様に太陽の光エネルギーをとらえて成長や繁殖に利用する。この目立たない生物は、認識されることはあまりないが、ほとんどの海洋生物にエネルギーを供給する地球の基盤ともいえる存在なのだ。植物プランクトンは小動物や、動物に似た生物である動物プランクトンに食べられる。これらの生物群はどちらも、より大きな動物の食料となり、その大き

p.8 | オキクラゲの学名(*Pelagia noctiluca*)は、夜間に暗い水中で光るこの生物の習性を表している。

な動物は、さらに大きな動物に食べられる。かくして水圏環境中の食物網が構築され、世界最大の動物種である大型クジラを含むさまざまな生物を支えている。海洋の食物網が人間の食生活にとって不可欠になっている地域も少なくない。

このように、プランクトンはイメージが地味で、比較的目立たない存在であるにもかかわらず、海水および淡水の生物学的ネットワークにおける無数の生命形態にエネルギーと栄養を供給している。そして、大気中には気体酸素、水圏中には溶存酸素を補充し、温室効果ガスである二酸化炭素を大気と水圏との間で循環させている。プランクトンは海洋の健康にとっても極めて重要であり、恐ろしく複雑で多面的な地球の生態系における、まさに陰の英雄といえるのである。

未来への指標

その重要性があまりにも高いことから、プランクトンは地球の生物圏の生物学的および生態学的状態を知るための重要な指標にもなっており、その数そのものや、豊度、生物多様性、分布、健康状態の季節変化を測定し、追跡し、記録することがますます大切になっている。人間が引き起こした現代の環境破壊、例えば、蔓延する汚染、過剰な漁業、食物網の破壊、大気や海洋の組成の変化の進行、そして、気候変動と地球温暖化という広範な問題による影響も、プランクトンが明らかにしてくれる。

プランクトンの健康状態や適応力について研究することで、人類自体や、人類がつくりあげた環境、そして、地球に残された自然環境を救おうとすると立ちはだかる、人類自身がつくりだした課題に対処するための指針が、より明確になる。プランクトンを通じて問題が明らかになり、人類が生みだすさまざまなダメージを修復するための多様な方法が示されるのだ。プランクトンに注目する必要性は、ここにある。本書はそのよいきっかけになることだろう。

上｜ホテイウオ（*Aptocyclus Ventricosus*）の卵はすべてが孵化するわけではない。孵化しそうなものには、はっきりとした目の付いた胚が内部に見える。

p.11上｜フィリピンのバラヤン湾沿岸域を漂う一般的なサルパ（*Salpa fusiformis*）のコロニー（同じ種類の動植物の集群）。

p.11下｜熱帯大西洋に生息するステレオマスティス属（*Stereomastis*）の深海種に属する盲目のロブスターの幼生。ケープヴェルデ沖の大西洋水域に浮かんでいる。

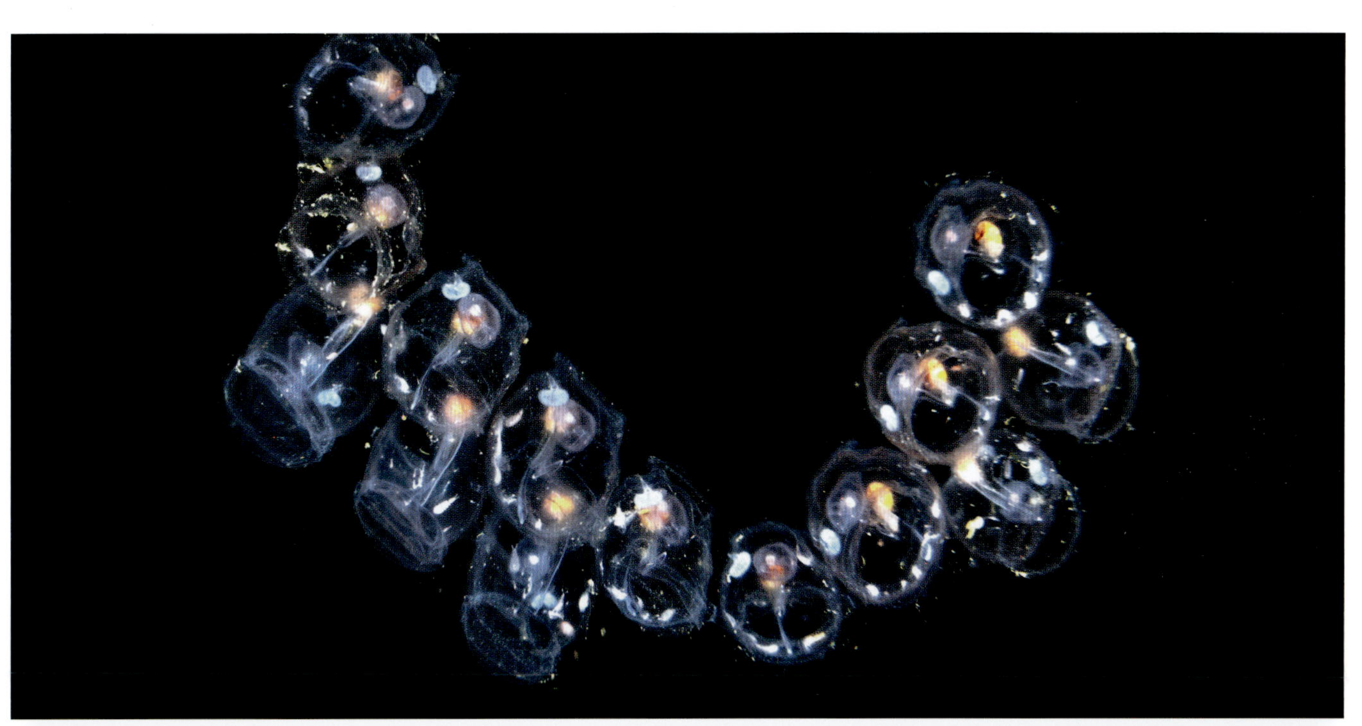

CHAPTER 1

A WONDERFUL DIVERSITY

すばらしき多様性

バケツ一杯の海水は一見すると、生命で満ちあふれているようにはとても思えない。プランクトンは、ほとんどがあまりに小さすぎて肉眼では確認できないため、この水もぱっと見ただけだと、ほぼ透明だ。しかしよく目を凝らすと、海洋は熱帯雨林など、陸地の生息地に匹敵するほど多様な、隠れた生命で満ちあふれていることが分かる。上限の推定値としては25万種以上のプランクトンの存在が確認されているものの、既知の種数は実体のわずか10%に過ぎない可能性があるともいわれている。

最小サイズのバクテリア（細菌）から、複雑な多細胞生物であるクラゲ、浮遊性の海藻、そして、顕微鏡サイズの仔魚まで、多様に存在するプランクトン種は地球上のあらゆる生命を網羅している。地球で最も原始的、もしくは古い生物群もいる。

ワーム、脊椎動物、軟体動物などの多細胞の動植物は、およそ5億年前に起きたカンブリア爆発（古生代カンブリア紀に、現在見られる動物の門の多くが一気に出現した現象）で誕生した。この驚異的な生命の放射が起こるまでの何億年もの間、単細胞のプランクトンは地球上の主要な生命形態として存在し、原始の「スープ」の中を漂っていたのである。

PROKARYOTES AND EUKARYOTES 原核生物と真核生物

地球の自然史の大部分において「地球上の生命」といえば、主にはプランクトンを指している。最古の生命の痕跡は38億年前にさかのぼる。当時の生息場所は、ほぼ海に限定され、生物は若い地球の水中を漂っていた。

初めのうち、少なくとも10億年の間、プランクトンは原核生物だけで構成されていた。今日、海洋内外でよく見られる生物は、体細胞に明確な核があることから真核生物と呼ばれている。人間も、海の海藻、クラゲ、緑藻類と同様に真核生物である。これらの生物、というより、体を造る細胞の形状は、単細胞生物であれ、体長が数メートルあるひょろひょろとしたサルパであれ、約25億年前に進化したものだ。真核生物の出現という、生命史におけるこの驚異的なステップも、プランクトンの繁栄の過程で起こった可能性がある。しかし真実は、だれにも分からない。

真核生物は、原核生物と呼ばれる、より原始的な生命形態から進化した。原核生物の英名（prokaryote）は「核より前」を意味する。このカテゴリーに属する生物は内部構造が単純で、核構造などの細胞小器官をもたない。実際のところ、真核生物の複雑な細胞は、より単純で小さな原核生物の細胞が集合して形成されたものであり、ほぼ奇跡ともいえるこの出来事を「シンビオジェネシス」と呼ぶ。その詳細の説明は別の機会に譲るが、これに関わる原核生物は依然として、今日のプランクトンの群集の主要部分を占め続けている。

下 | アメリカ、ワイオミング州のイエローストーン国立公園にあるグランド・プリズマティック・スプリングの虹色の水は、水中に漂っていたり、水底にマット状にたまっていたりする極限環境微生物によって色付いている。超高温の青い中心部に微生物は存在しない。

p.15 | 複雑型細胞への進化につながった、シンビオジェネシス論で提唱されている細胞内共生のステップ。

下 | 原核細胞（上）および真核細胞（下）の一般的な図解。

原核細胞の構造

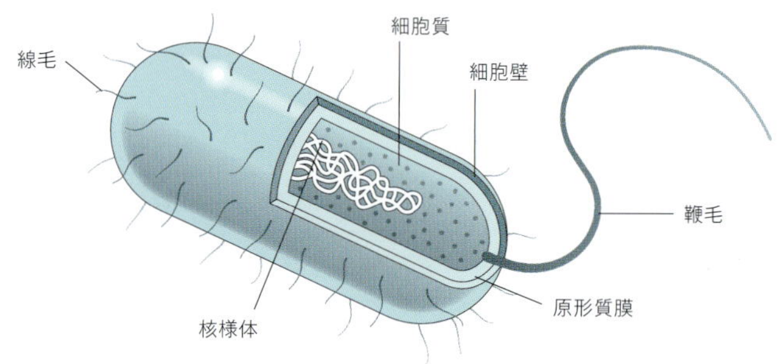

真核細胞の構造

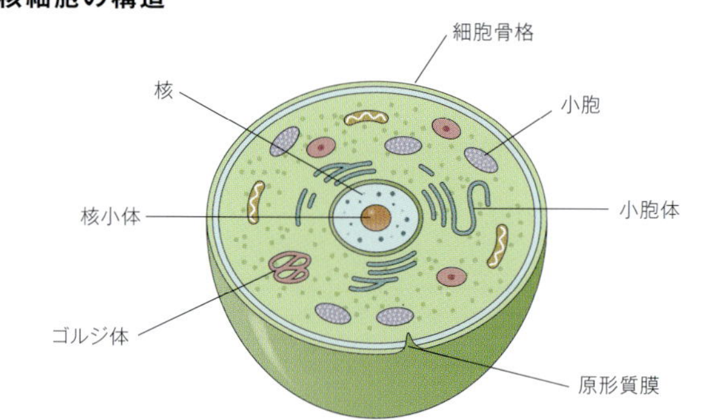

細胞内共生のプロセス

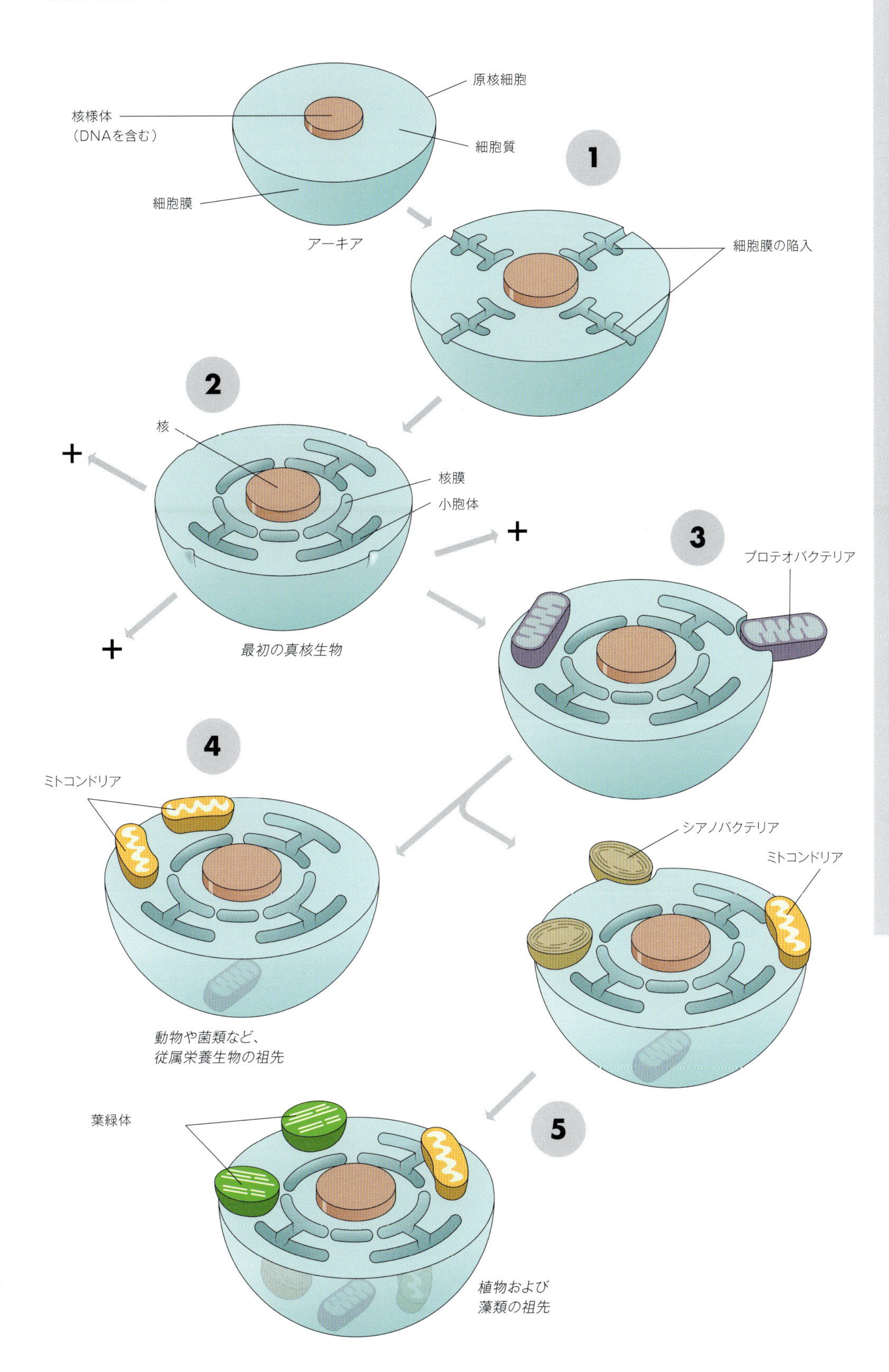

1 アーキア（古細菌）が大きくなると、結果として細胞膜が折りたたまれて総表面積が増加する。これにより、細胞は十分な量の物質を細胞内外に輸送することが可能になる。

2 その折り目の一部が細胞膜から離れ、細胞の遺伝物質を取り囲んで核を形成する。その他の部分は小胞体になり、現在、あらゆる真核細胞に見られる代謝活動の中心となる。

3 細胞は自由生活するバクテリアを捕食するが、それはおそらく細胞内で消化される食物として取り込まれる。しかし、このバクテリアがなんらかの理由で破壊を免れ、共生体として活動し始めることがある。

4 この共生体は、住む場所を得る見返りに、より効率的なエネルギー管理法を宿主細胞に提供する。この共生体は細胞内で分裂し、宿主が分裂するときに受け継がれる。これが真核細胞のミトコンドリアの起源である。

5 最初の真核生物は従属栄養生物である。最初の独立栄養生物は、シアノバクテリアが、おそらく餌として取り込まれたものの、従属栄養生物の細胞内環境で生存したものから始まった。この共生体が、真 核細胞の光合成器官である葉緑 体となった。

原始的な生命

原核生物としてもっとも知らているのはバクテリア（細菌）だが、このグループにはアーキア（古細菌）も含まれる。一般人にとって、さらにいえば、ほとんどの生物学者にとって、バクテリアとアーキアの違いは、かなりあいまいだ。実際、この2つが正式に区別されたのは1970年代後半になってからなのだ。この区別は、それぞれの最も重要な代謝の明確な化学的性質に基づいている。これはまさに、これらの生物がほぼその誕生の瞬間から、まさに異なる生を営んできたことを意味している。

バクテリアは海洋プランクトンの大部分を占めるが、アーキアは水 柱環境（海表面から最大水深までの環境）には、かなり少ない。アー キアは、代謝を促進する酸素のない極度の嫌気性生息地で圧倒的に 多く見られる。プランクトンの群集は、ほとんどが好気性生物だが、アーキアは、化学物質が豊富で、低酸素で、極端に熱い熱水泉の中 でも生存できるのだ。

原核細胞が集合して細胞が大型になっているような、細胞内共生を している宿主細胞は、アーキアであると考えられている。核と、折り たたまれた内膜でできたその他の構造は、この原始生物の内部で進 化した。真核細胞内には細胞のバッテリーパックともいえるミトコンド リアもあり、多くは光合成のプロセスを担う葉緑体も備えている。ミトコンドリアは、現在はダニに刺されることによって伝播するバクテリアの子孫だが、プランクトンの物語におけるミトコンドリアの位置付 けは明らかにはなっていない。しかし、世界を緑色に、海では緑色 の縞模様に変えた光合成カプセルである葉緑体は、現代のシアノバクテリアに関連している。藍藻として誤って認識されているこれらのバクテリアは、体長はわずか1㎛（ミクロン）だが、地球上の植物プランクトンの約4分の3を占めている（そうはいっても、シアノバクテリアは土壌や沼地など、ほぼすべての生息地で見られ、空中プランクトンとして空気中に浮遊することもある）。

その他の植物プランクトン

原核生物はすべて単細胞生物だが、シアノバクテリアなどの細菌プランクトンがコロニーや鎖を形成することは珍しいことではない。これとは対照的に、プランクトン、あるいは他の生物群などの多細胞生物はすべて真核生物である。これらの真核生物は大規模で複雑

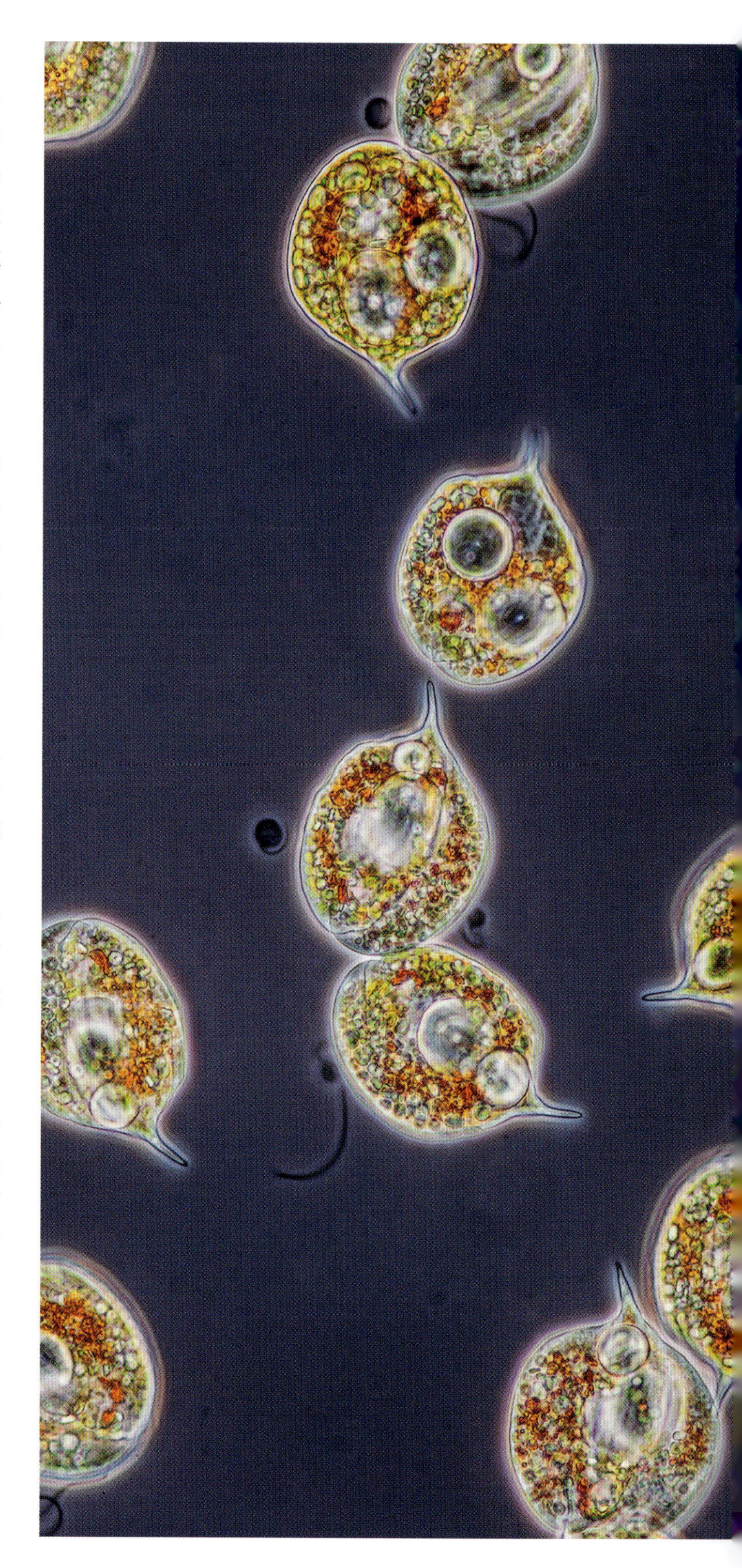

な細胞の集合体で構築され、それぞれが全体の中で専門的な役割を担っている。

とはいえ、単細胞の真核生物で構成される単一の分類群（分類群は複数あるという説もある）も存在する。このグループは原生生物と呼ばれ、アメーバや原虫といったなじみのある生命体も含まれる。プランクトンに関していえば、最も数の多い原生生物は植物のような植物プランクトンだ。この極小のプランクトンは、光合成を通じて太陽エネルギーを直接利用するため「植物のようなもの」といえる。しかしその多くには、動物と共通した特徴がある。例えば、淡水プランクトンによく見られる緑色の原生生物であるミドリムシは、摂餌と光合成の両方から食物とエネルギーを得ている。

珪藻類

海洋において光合成を行う原生生物というと、その細胞体の周りに珪酸質でできた優美な「殻」のある、金色の藻類ともいえる珪藻が大半を占めている。この美しい微生物は10万種存在すると推測されているが、その多くは浮遊性ではない（その代わりに、生物である底生性の生物群集としての生活に適応している）。珪藻の殻は、被殻としてよく知られ、2つに分かれており、一方がもう一方の上にぴったりとはまり、硬いカプセルが中の細胞を包み込んでいる。大きく分けて2つの形態があり、円心目珪藻は上から見ると殻が丸みを帯びて いるのに対し、羽状目珪藻は同じ角度から見ると舟形をしている。ま た、珪藻がコロニーを形成するときに、水晶のような複雑な構造を生 じる刺毛と呼ばれる精巧な棘をもつものもある。

鞭状尾

植物プランクトン原生生物のその他の2つの主要形態は、鞭毛藻と渦鞭毛藻（うずべんもうそう）である。これらの生物はすべて、細胞膜から伸びる長い鞭 むち のような構造である鞭毛（複数鞭毛）を1つ以上もっている。鞭毛 は主に移動手段として利用され、小刻みに揺れたり旋回したりしなが ら水を押す。この動きは、鞭毛プランクトンが海流に乗って運ばれる ときにはさして重要ではないが、この鞭毛はより大きな動物による捕 獲から逃れるときに役立ち、こうした光合成を行う原生生物の多くが 獲物（多くの場合、珪藻）を捕らえ、摂餌の補助として飲み込むことを可能にする。

渦鞭毛藻には鞭毛が2本ある。既知の種は約2,000種しかいないが、一部の有毒種の大繁殖は、危険な「赤潮」を引き起こすことから、大きな注目を集めている。赤潮は、海の野生生物を絶滅させ、漁業を脅かし、水中にいる人間にも害をもたらす。渦鞭毛藻は独立した単細胞生物だが、しばしば、長い鎖状のコロニーを形成する。渦鞭毛藻には2グループあるが、その区分は明確ではない。有殻渦鞭毛藻は、セルロース（植物細胞の主要な構造材でもある）でできた棘とプレートでおおわれている。無殻渦鞭毛藻には、そうした特徴はない。

鞭毛虫は、かなり多様な生物である。すべてが鞭毛をもつが、ほとんどは2本で、最大16本になることもある。鞭毛の長さは大抵はそろっているが、そうではない場合もある。細胞の形状は卵形が多いが、棒状に伸びることもある。さまざまな棘、プレート、殻は、鞭毛虫どうしを区別するのに役立ち、場合によっては細胞が群れをなし、膜状や鎖状の集合体を形成することもある。言い換えれば、形状とサイズがかなり幅広いのだ。すべての鞭毛藻は光合成を行うが、他のプランクトンを食べるものもいて、細胞の片側にある溝状の「口」から小さな獲物を飲み込む。

p. 16 | ユーグレナ藻のウチワヒゲムシ（*Phacus pleuronectes*）には目玉模様があるが、これで明るい水域を探して、光合成を促進する。

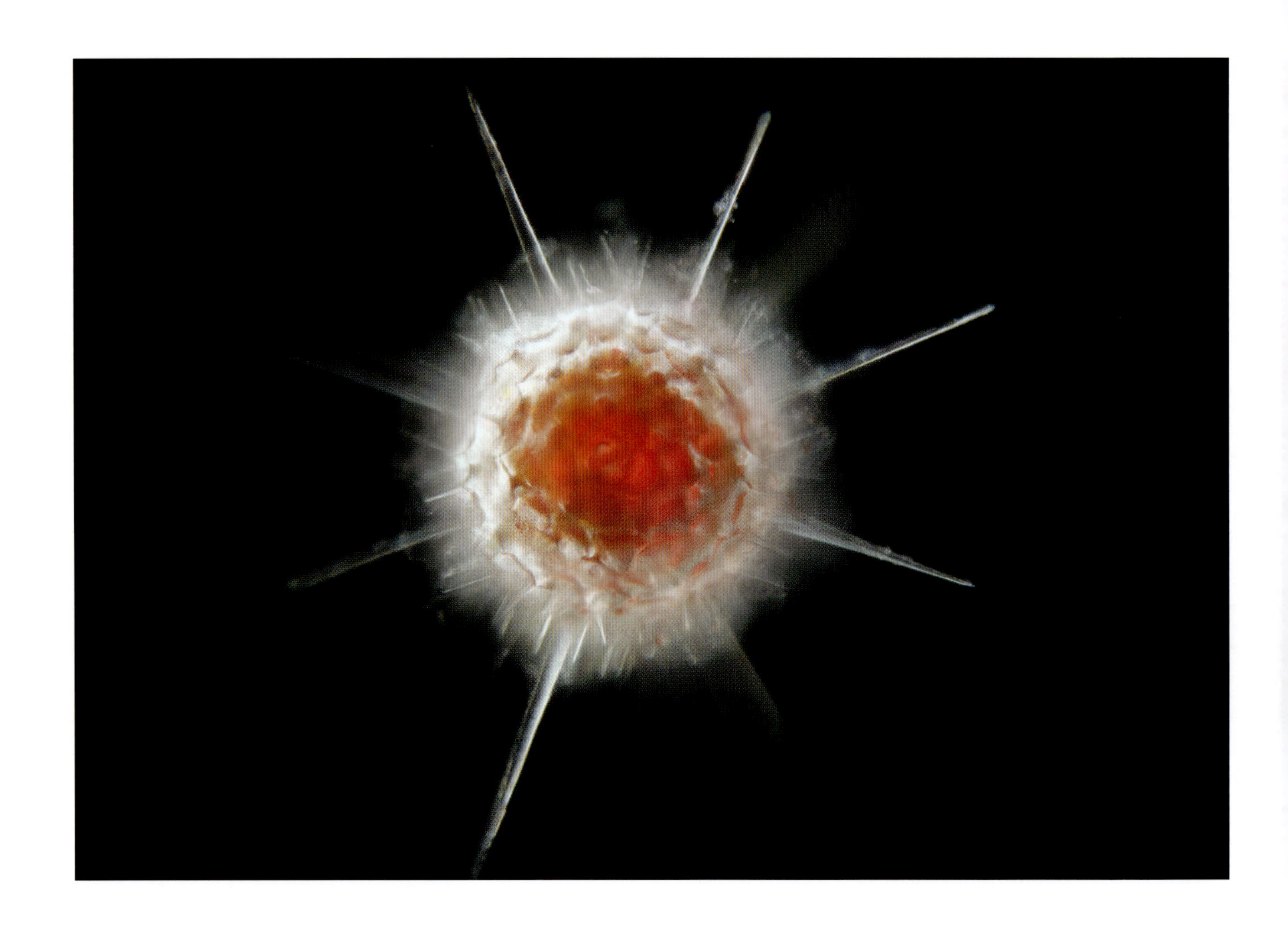

ZOOPLANKTON

動物プランクトン

その他の生物の体を捕食して生存する従属栄養生物あるいは異食性のプランクトンは、動物プランクトンに分類される。これには甲殻類やクラゲなど、さまざまな動物が含まれるが、この説明に合致する原生生物も存在する。主な原生生物群には、繊毛虫類、有孔虫類、放散虫類がいる。

原生動物

繊毛虫、有孔虫、放散虫は動物に似た傾向をもつことから、大まかに原生動物もしくは「原始動物」と呼ばれる。この初期の名称は、これらの微生物が、わたしたち動物よりも原始的な仲間であることを示唆している。しかし、のちの研究で、最初の多細胞動物はおそらく、原生生物の一群である襟鞭毛虫から進化したことが示され、その中には、水中のバクテリアをろ過して摂取する浮遊性のものも含まれていた。いずれにせよ、この名称は定着している。

繊毛虫類は約8千種いる。その名が示す通り、繊毛虫には、細胞膜の小さな毛状突起である複数の繊毛がある。これらの繊毛は、細胞体の一方の側にある細胞口もしくは口腔に食物片を引き寄せるために利用される。

有孔虫は、保護殻もしくは外殻の内部深くに生息している。この複雑な構造の中心には、カルシウムが豊富な化学物質からなる無形の細胞体があり、糸状仮足と呼ばれる薄い膜の糸状突起が体外の

水中とつながっている。記録されている種は7,500あるが、これは実際の総数のほんの一部に過ぎないとされている。有孔虫は単細胞生物だが、その外殻は幅が1㎜以上になることもある。これらは海洋で最も一般的な、殻をもつ生物である。その死骸は海底に沈み、軟泥の厚い層を形成している。

放散虫は、細胞を取り囲む格子状の棘を特徴とし、棘のある球状またはレンズ状の構造を形成する。この構造は、最大500㎛に達することがある。これらの原生生物は実験室での飼育が難しいため、学術情報のほぼすべては（それほど多くもないが）、野生のものを観察することから得られている。

p.18 ｜ 海洋放散虫アクティノマ・デリカトゥルム（*Actinomma delicatulum*）は美しい珪酸質の骨格をもつ。

左上 ｜ ユープロテス（*Euplotes*）属の一例で、淡水に生息する繊毛虫の一種。この光学顕微鏡写真は約400倍に拡大されており、細胞体の上部と下部に密集する繊毛の束を見て取れる。

右上 ｜ 着色された走査型電子顕微鏡写真。微小な有孔虫の保護殻の化石の残骸を写したもの。

後生動物

元来の動物の古い名称「後生動物（metazoa）」は「のちに現れた動物」を意味する。実際、後生動物と呼ぶに値する複雑さをもつ生物は、動物としての基準を満たしている。動物は多細胞の真核生物であり、必要なエネルギーと栄養素を得るためにその他の生物を摂餌する。最も単純な動物である海綿動物や板形動物門のような塊状の生物は海底に生息している一方で、動物プランクトン群集は、より大型の形態で知られる陸上のものを含む、主要な動物門で構成されている。こうした動物門には、巻貝やイカの仲間である軟体動物、動物プランクトンの主要なグループのひとつである甲殻類を含む節足動物、そしてもちろん、脊索動物がいる。脊索動物は脊椎動物、つまり脊椎をもつ動物を含む門である。脊索動物には人類はもちろん、後述するようにプランクトン群集にささやかながら貢献している魚類も含まれる。

プランクトンには、数種類のワームなど、その他にも多くの門が含まれる。外観の単純さにもかかわらず、ワームはプランクトンであろうとなかろうと、体の構造が左右対称である。つまり、左側は右側の鏡像であり、一端に頭と口があり、もう一端に肛門がある。これは、動物の生命にとっては基本的なことに思えるが、動物プランクト

マイコプランクトン

すべての従属栄養プランクトンが動物（または動物様のもの）であるわけではない。プランクトン群集には驚くほど多くの真菌も存在するのだ。マイコプランクトンとして知られるこの菌類の群集は、主に顕微鏡サイズだが、親指大のコロニー状の菌糸の塊もよく見られる。菌類は、植物や動物と並ぶ、多細胞（および真核の）生物の独立した界だ。菌類は、光合成は行わず、餌を摂取するための口や消化器官ももたない。その代わりに、菌類は腐生栄養であり、これは（やや意地の悪い表現だが）「腐敗物を食べるもの」を意味する。それこそが、陸上における菌類の主な役割なのだ。菌類は倒れた丸太や捨てられた果物といった食物上で成長し、消化のための化学物質を、その上で直接染み出させる。酵素が食物を外部で消化し、菌類はそこから必要な栄養素を吸収するだけでよい。海でもこの方法は残っているが、菌類の食物はほとんどが植物プランクトンの死骸だ。そのためマイコプランクトンは、太陽光が植物プランクトンを支える表層に最も多く生息している。単細胞菌類は、海水1mℓに付き千個（これに対しバクテリアは100万個）存在すると推定されている。

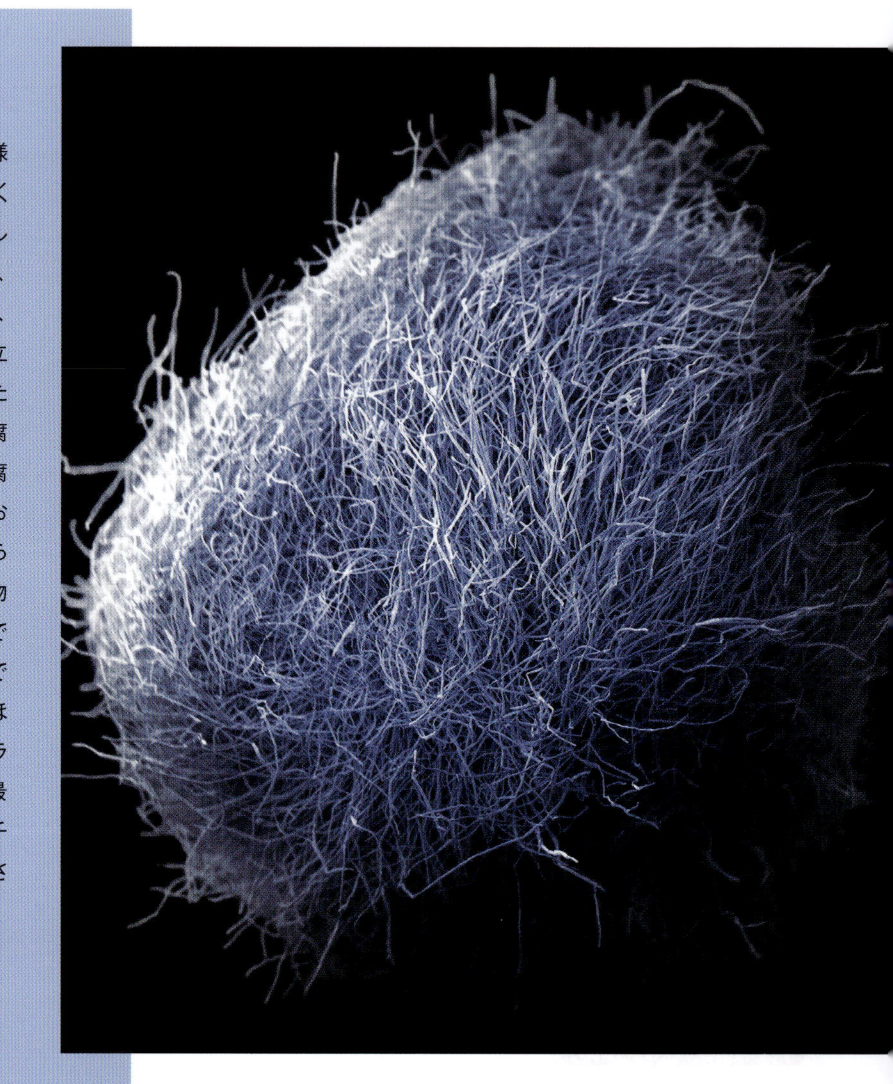

ンの体はかなりの割合で左右対称ではない。そうではなく、体の中央に口があり、識別できる頭部や中央の制御器官のない放射状の体型をしている。こうした動物としてはクラゲ（刺胞動物）が最もよく知られているが、プランクトンについて学んでみれば、その形態のあまりの多様さに驚くことだろう。その体構造は確かに単純ではあるが、最良のアドバイスとしては距離を保って観察しながら驚嘆することをおすすめする。この生きものは暗闇で輝くだけでなく、刺す仕組みも備えているのだから！

p.20 | このサケの卵は真菌サプロレグニア・パラシティカ（*Saprolegnia parasitica*）に感染している。この真菌は水カビ病を引き起こし、野生、養殖を問わず世界中の淡水魚や魚卵に影響を与えている。

下 | 珪酸質針状体の着色走査型電子顕微鏡写真。プランクトン中に浮遊するこれらの微小な物体は海綿体の構造単位である。

JELLYFISH クラゲ

浮遊性のクラゲは、主に刺胞動物門に属している。この生物群には、ほぼすべてが浮遊性の、従来はクラゲと呼ばれてきた生物（その多様性を考えると誤解を招く名称だが）のみならず、サンゴやイソギンチャクなど、固着性の底生生物も含まれる。とはいえ、後者の2群も幼生期を浮遊性の幼生として過ごす。

刺胞動物門の体構造

刺胞動物の基本的な体構造は、触手付きの鐘形の空洞である。イソギンチャクやサンゴの場合、成体の体には触手が上向きに配置されるが（この形態をポリプという）、クラゲやその仲間はメデューサの体をもち、触手が本体から垂れ下がっている。刺胞動物の学名はギリシャ語でイラクサ（訳注：とげをもつ）を意味する言葉に由来しており、実際、クラゲ、イソギンチャク、さらにサンゴの触手には数十万もの刺胞細胞がある。これらは、触れたものすべてに対し、とげのある毒針を発射するようにできている。刺胞は物理的に接着するように粘着性がある。岩礁の水たまりでイソギンチャクに触れたことがあるなら、この感覚が分かることだろう。ただし、刺胞（nematocyst）と呼ばれる刺胞細胞は、獲物を麻痺させるために毒も注入する。これがうまく働けば、捕らえられた獲物は口へと運ばれる。刺胞動物については、「口」という表現を使ったが、この開口部は精子や卵を放出する生殖孔としても、消化の廃棄物を排出する肛門としても機能する。

ポリプ期とメデューサ期

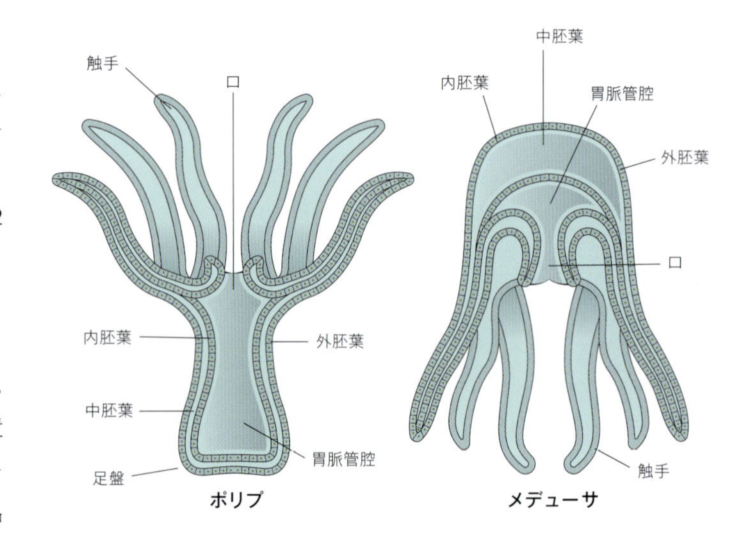

クラゲの生活環

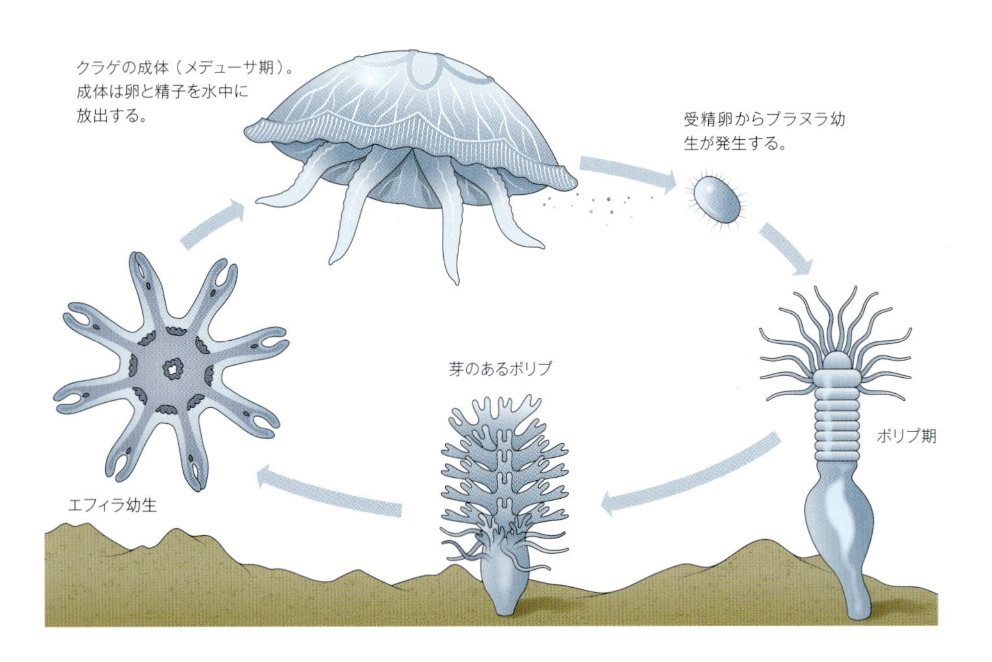

上 | 刺胞動物の2つの体構造であるポリプとメデューサの一般的な図解。

左 | 卵から、さまざまな固着性ポリプの段階を経て、浮遊する成体クラゲになるまでのクラゲの一般的生活環。

p.23 | イボクラゲ（*Cephea cephea*）。カリフラワークラゲとも呼ばれる。

上｜箱型の体に数本の短い触手のあるハコクラゲ。

p.25 上｜北大西洋のシェトランド沖に群生するテマリクラゲ（*Pleurobrachia pilleus*）。クシクラゲ類のこの種は、本体から垂れ下がる一対の長い触手でメソプランクトンを捕らえる。

p.25 下｜有櫛動物門のシンカイウリクラゲ（*Beroe abyssicola*）。

「クラゲ」は筋肉質の体をリズミカルに収縮させ、体腔から水を噴出させることで泳ぐ。しかし、その力は海流に逆らって進むには十分ではなく、水に流されるままに漂う。

クラゲの分類

一般にクラゲとして知られる動物は、3つの「目」に分類される。一般的なクラゲは鉢虫綱に属し、まさに傘のような体に小さな触手がフリルのように並び、口の下にはもっと大きな口触手が垂れ下がっている。この「一般的な」クラゲは約200種存在し、中には幅2 mに成長するものもいる。

数は少ないが、箱虫綱も存在する。その名が示すように、これらはハコクラゲ、より適切な表現としては海の蜂と呼ばれ、浅瀬で泳ぐ人を刺す。大きさは触手を含めて最大で靴箱ほどで、四角い形状がより効率的な泳ぎを可能にし、最高速度は時速300 mに達する。中にはかなり危険な種もあり、毒が数分以内に心臓を停止させたり、極度の痛みを引き起しかねないものもある（刺胞のほとんどはそれほど危険ではなく、酢などの弱酸性の液体で治療するのが最善策だ）。

クラゲの第三のグループはヒドロ虫綱（*Hydrozoa*）で約4千種いる。ヒドロ虫綱の体は、その他のクラゲ類に比べて一般的に小さくて単純だ。群体型のヒドロ虫綱もいて、その体は、例えば摂餌、繁殖、捕捉など、さまざまな役割を担う複数の相互依存的な個体で構成されている。こうした群体型のヒドロ虫綱は、クダクラゲ類（*siphonophores*）とも呼ばれ、長さ40 mに達する刺す触手を伸ばす。海洋で最も数の多い捕食者のひとつだ。

クシクラゲ

クシクラゲ類（*Ctenophore*）は刺すクラゲとよく間違えられるが、実際には有櫛動物門という別の門に属している。クラゲよりも原始的だとする説もあり、多細胞動物から最初に進化し、今もなお生き続けている仲間である可能性もある。約100種が報告されているが、もっと多くの種が存在する可能性もある。かなり壊れやすい動物であるため、無傷のサンプルを回収することは難しい。クシクラゲはほとんどが浮遊性の肉食動物だ。顕微鏡なしでは、ほとんど見えないものがあれば、最大種には1mを超えるものもいる。名称の「櫛」は、泳ぎや浮力を制御するために使われる、櫛の歯のような繊毛の列（櫛板）にちなんでいる。1mℓにつき千個（これに対しバクテリアは100万個）存在すると推定されている。

CRUSTACEA 甲殻類

プランクトンの標本を網で採取すると、必ず甲殻類が大量に含まれる。甲殻類はメソプランクトンのバイオマス（生物量）の半分以上を占めている。甲殻類はすべての動物群の中で最も大きく多様性に富む生物群のひとつで、陸上で最も多い昆虫に次ぐ存在だ。これまでに約7万種の甲殻類が報告されているが、その多く、特にプランクトン種は区別が困難だ。それに加えて標本や研究も不足していることから、こうした種の90％以上がいまだに未知のままである。

節足動物である甲殻類は、体内骨格ではなく外骨格で体を支えている。呼吸はえらで行い、脚は関節が発達し、触角や口器として手足のような付属肢を使用する。こうした単純な共通点以外に、クモガニやダンゴムシ（ワラジムシ）からミジンコやシャコまで、甲殻類には把握するのが困難なほどの多様性がある。

甲殻類の例

甲殻類の多数ある亜綱のうちのひとつであるカイアシ類だけを取っても、地球上で最も数の多い動物形態のひとつだとされている。それにもかかわらず、カイアシ類はあまり有名ではないが、それも不思議なことではない。成体が数ミリ以上になることはめったになく、その生活環の大部分で、それよりもずっと小さいのだ。カイアシ類とは、「橈（オール）の足」を意味する。泳ぐときに脚を漕ぐように動かすからだ。

その他の甲殻類には、十脚類がある。カニ、ロブスター、クルマエビなどが含まれることから、おそらく最もよく知られている。成体のクルマエビや小エビには、プランクトンの一部として大きな群れを成すものがいるが、大型の十脚類の幼生も海底に定着するまでは、ほとんどが漂流者である。シャコもこれと同様で、凶暴な捕食者だが、幼生期はプランクトンとして過ごし、十脚類とは異なる口脚類と呼ばれる別の亜綱に属する。

エビに似た甲殻類は他にもおり、最も有名なのはオキアミ類で、オキアミとしてよく知られている。エビとの違いはかなり学術的で、体節などに差がある。わずか86種しかいないオキアミだが、プランクトン界においては中程度の存在感がある。極地の冷たい海域でも、オキアミの群れは1m^3あたり3万匹の密度で生息しているのだ！

左上｜フィリピンのサンゴ礁で見られた成体のモンハナシャコ（*Odontodactylus scyllarus*）。

左｜サフィリナのオスは、おそらくメスを誘うために虹色の輝きを放つ。その色彩は、細胞内の結晶層から反射する光の相互作用によって形成される構造的なものだ。

p.27｜南カリフォルニアの海岸付近で、オキアミの一種サイサノエッサ・スピニフェラ（*Thysanoessa spinifera*）の群れが逆巻いている。

SWIMMING WORMS
泳ぐワーム

初心者向けに説明すると、ワームとは、長くて足がなく、くねくねと動く生きものを指す。しかし、この単純な体構造は、ワーム様の分類群間の類縁関係によるものではない。幾度もの進化によって、ワームが生まれたのだ。

代表的なワームには、回虫もしくは線虫、寄生性のものの多い扁形動物や、ヒルやミミズを始めとする環形動物がいる。前者の2分類群はプランクトンではないが、環形動物、特に多毛類と呼ばれる海洋生物はプランクトンに該当する。この名称は「多くの毛」を意味し、多毛類には歩いたり、泳いだりするための原始的な脚として機能する剛毛のような付属肢が複数ある。多毛類には一生を通じて浮遊性のものもいるが、底生(水底に接して、あるいは水底の砂や泥にもぐって生活する)種は幼生期のみを水中で漂う小さな幼生として過ごす。

ワーム様の浮遊性の動物群でもうひとつ重要なのが、毛顎動物もしくはヤムシだ。この半透明な矢じり形のワームは、ほとんどが長さ数ミリだが、かなり大多数で存在する。ヤムシのバイオマスは、ヤムシが好む餌であるカイアシ類の重量の約3分の1である。これらのワームと小さな甲殻類との捕食被食関係は、日周鉛直移動(p.134参照)が起こる原因のひとつとなっている。

ヤムシは多毛類にとっては遠い仲間にすぎず、むしろ、線形動物、節足動物、そして動物のもうひとつの主要な門である軟体動物に近い。

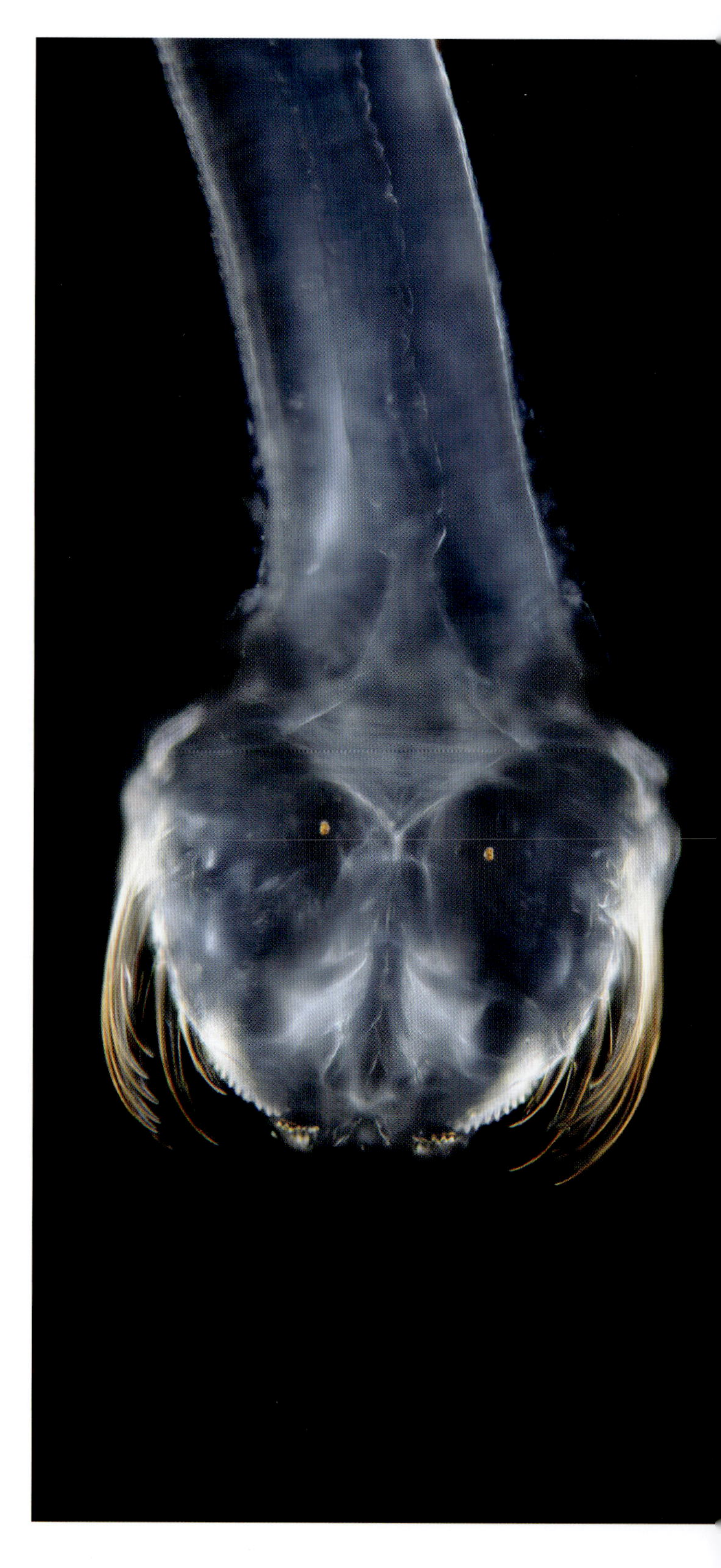

右|ヤムシ(*Sagitta sp.*)の画像。頭部の両側にモノをつかめるフック状の棘が見える。

SNAILS AND ECHINODERMS
巻貝と棘皮動物

軟体動物は、陸上と海上に驚くほど多様に生息する無脊椎動物のグループだ。軟体動物は、庭にいるカタツムリやナメクジとして最もよく知られているが、ホタテガイやカサガイなどの貝類、さらにはダイオウイカやコウイカなどの頭足動物もこれに該当する。軟体動物の大部分は殻をもつ生きもので、自由に泳いで生きることはできない。しかし、約150種の軟体動物（ほとんどが巻貝）が、完全な浮遊性へと進化している。

巻貝は筋肉質の1本の足で滑るように移動することで知られている。プランクトンの形態としては、この足は広がって薄くなり、泳ぐのに適した翼のような構造になっている。巻貝は浮力を高めるために粘液の糸を分泌し、それが水中で体を安定させる海錨として機能する。殻はかなり薄く軽量で、場合によっては、この動物がやわらかい体の部分をすべて引っ込めるには小さすぎることもある。

もうひとつの重装備の生物群が、ヒトデやウニで有名な棘皮動物だ。棘皮動物は皮膚に骨のような骨格があり、これが保護の役割を果たしつつも重量を加えるため、泳ぐのを妨げる。棘皮動物は五放射相称であることで有名だが、これは、最もよく知られている成体の、ひとつの特徴にすぎない。ヒトデやクモヒトデなどの幼生は左右対称である。また、プランクトンに含められるほど小さく軽量で、繁殖期には、こうしたウニやヒトデの幼生が動物プランクトンのかなりの割合を占めることもある。

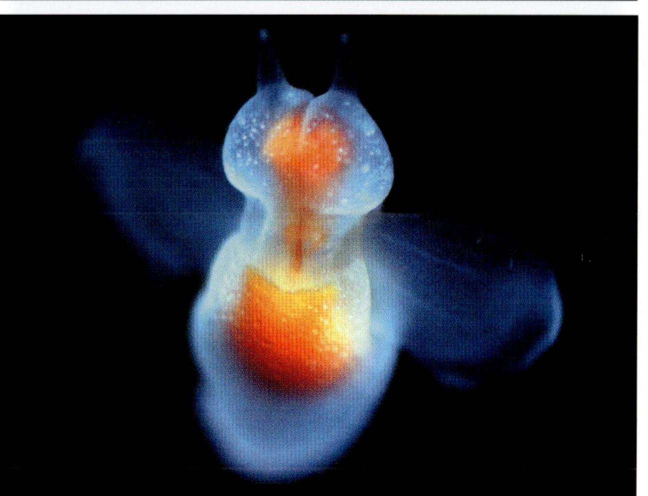

右上｜自由に泳ぐオカメブンブク（*Echinocardium cordatum*）のエキノプルテウス幼生。

右下｜この泳ぐ巻貝はクリオネと呼ばれている。翼足動物と呼ばれる軟体動物の一種で、その筋肉を利用した泳ぎかたが文字通り「翼のある足」を表している。

小さな門だが、マイナーではない

海洋動物プランクトンには、あまり知られてはいないが興味深い動物門の生物もいる。しかしその数はわずか数千種である。海底上や、水中に沈むほぼすべての固形物上に小さなコロニーを形成するコケムシがこれに該当する。微小な幼生がプランクトンの典型的な構成要素である。コケムシは、腕足動物やホソムシ類の近縁種だ。腕足動物もしくはシャミセンガイは、成体になると海底に生息し、堆積物上に小さな茎を立てて生息するが、幼生はプランクトンである。箒虫動物は節の多いワームのような形をしており、海の浅瀬の底に生息している。春と秋の繁殖期になると、こうした海域のプランクトンの大部分は箒虫動物の幼生が占めるようになる。

CHORDATA 脊索動物

脊索動物門の海洋生物は一般に、その大きさ、強さ、優れた知能で称賛されており、イルカ、サメ、クジラ、カメといったおなじみの動物がこれに該当する。

これらの動物はいずれも、プランクトンには属していないように思えるが、脊索動物は動物プランクトン群集に多く見られる。主な構成要素は魚卵と、そこから孵化する小さな仔魚である。メルルーサやメカジキからスズキやアンコウまで、あらゆる種類の海産魚が外洋で産卵する。つまり、受精の有無にかかわらず、卵は水柱中に数兆個浮かんでいるのだ。運よく残った数少ない卵は、ほとんどが幅2㎜未満で、孵化すると小さな仔魚となる。体長がわずか数ミリしかないこの小さな脊椎動物は、体からぶら下がる卵黄嚢という生命維持装置を身につけて生まれてくる。これにより、生まれたばかりの時期に、仔魚に必要なエネルギーと栄養が供給される。その生命の始まりの日々、おそらく初めの数か月間、仔魚はプランクトンとして過ごし、そこで着実に成長し、やがて流れに逆らって泳ぐようになり、自力で生きていけるようになるのである。

p.30 | 地中海に生息するカレイの幼生期。魚卵や幼生は魚類プランクトンとして知られている。

上 | フィリピンのバラヤン湾に漂う、内室にカイアシ類が棲むトガリサルパ（*Salpa fusiformis*）。サルパは脊椎をもたない脊索動物の一種である。

尾索類

　脊索動物門のすべての生物が脊椎動物であるわけではない。尾索類と呼ばれる亜群がいるが、これらは人間の脳と脊髄に発達しているものと同じ神経系をもつ。しかし尾索類においては、その過程が分化し、海水をこして摂餌する薄い筒状の生物が誕生したのだ。これらが人間の遠い親戚と知ると驚くものだ!　3,000種の尾索類のほとんどは底生性で、ホヤなどの名が付いている。ただし浮遊性の生物もいくらか存在し、サルパ類と尾虫類の2群に分類される。樽型のサルパはほとんどが数センチ長で、ゴミの塊と見間違えられやすい。しかし精巧な鎖状群体を形成し、水中で数メートルにわたって連なることもある。尾虫類の体長はほとんどが約1㎜で、オタマジャクシ形の体をもち、セルロースと粘液の混合物でできた「餌」に囲まれている。この動物は泡状の家の中で浮遊しているが、この「ハウス」が周囲の水から餌の粒子を適切にこし取ってくれる。

TAKING SAMPLES 標本の採取

海水に含まれるプランクトンのとてつもない多様性を十分に理解するには、海水をよく観察する必要がある。プランクトンの豊富さを調査し、海洋全体におけるその数の分布を把握するための方法は多数あるが、最も簡単なのは、ボートの後ろに円錐形の網をつなげて引き、海水をろ過する標本採取法だ。この方法を真っ先に採用した先駆者にはチャールズ・ダーウィン(1809~82年)がおり、1830年代にビーグル号に乗船した際にモスリン製の網を利用していた。

現在のプランクトンネットは、さまざまなメッシュサイズのナイロンでできている。単細胞生物の収集には、穴が20㎛未満のネットが利用される。それより大きな単細胞プランクトンや、ワムシのようなごく小さな動物は、約80㎛のメッシュサイズのネットで捕獲される。小型の甲殻類やワームにはメッシュサイズが約150㎛のネットが必要だが、小さな仔魚は穴が約500㎛(0.5㎜に相当)のネットで捕獲する。もちろん、さらに大きなプランクトンとなると種類が多様になり、体長が数メートルに達するものもいるが、このサイズのマクロプランクトンには、円錐形ネットによる標本採取は適していない。その代わりに、標本を中に捕らえたままにする自動開閉システムを備えた大型ネットが利用されている。

さらに正確な測定法

水柱内のプランクトン分布を捉えるため、異なる深度帯でプランクトンネットを曳網することができる。しかし、異なる深度に生息するプランクトンをまとめてしまうため、どのプランクトンがどの深度に生息しているかを評価するには、あまり適していない。連続プランクトン採集器(CPR:continuous plankton recorder)と呼ばれる、より高度な型式の採集器なら、こうした問題にある程度対処できる。CPRは独立型の装置で、多くの場合はたまたま目的地を通過する商船といった、船の後ろに取り付けて牽引される。CPRはシルクの布でプランクトンをろ過するが、その帯布は水が流れるにつれて機械内で数センチずつ巻き取られる。帯布は1㎝が1海里(約1,800m)の曳航距離に相当する。つまり、帯布全体(たいていは幅約10㎝)が、曳網領域におけるプランクトンの大まかな水平分布と、相対的な存在

量を示すのである。

プランクトン群集を定量化する最も正確な方法は、採水ボトルを使うことだ。その名が示すとおり、これは指定された場所の指定された深さから海水サンプルを収集するための装置でさまざまなデザインがある。プランクトンネットや連続プランクトン採集器に劣る点は、標本採集できる生物数がはるかに少なく、採集作業を何度も個別に実行しなければならず、曳網に比べると手間がかかることだ。それにもかかわらず、採水ボトルによる標本採集の結果は、水中に含まれているものをかなり正確に示す。さらに、大型のものをのぞくあらゆるサイズのプランクトンを収集できるという利点もある。この標本には2㎛未満の小さな微生物も含まれるが、そのほとんどはバクテリアである。さらにこの水には、マイクロメートルではなくナノメートル単位で測定するのが最適なウイルス粒子であるフェムトプランクトンも含まれる。

p.32 | 青光りするの海を航行するビーグル号を1880年に描いたイラスト。そのずっと前に行われた航海中に発見してダーウィンが報告したように、海洋生物の生物発光で海が照らされている。

左 | 2011年のテラオーシャンズ航海中に研究者が使用した船。その下に、プランクトンを採取中のロゼット採水ボトルの輪が見える。

下 | カナダ北極圏で採取された動物プランクトンの標本。小さなエビと魚が見られる。

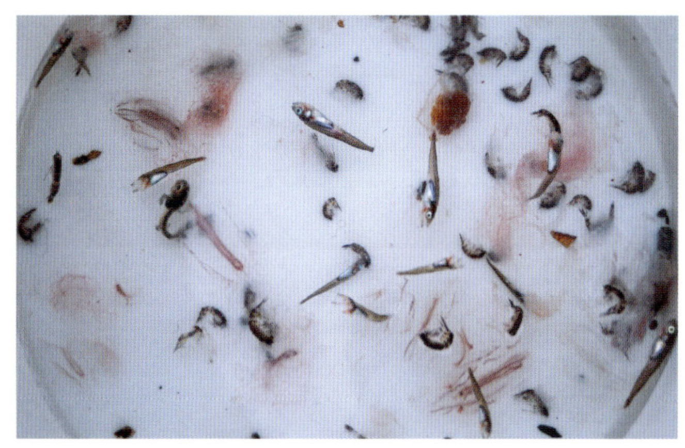

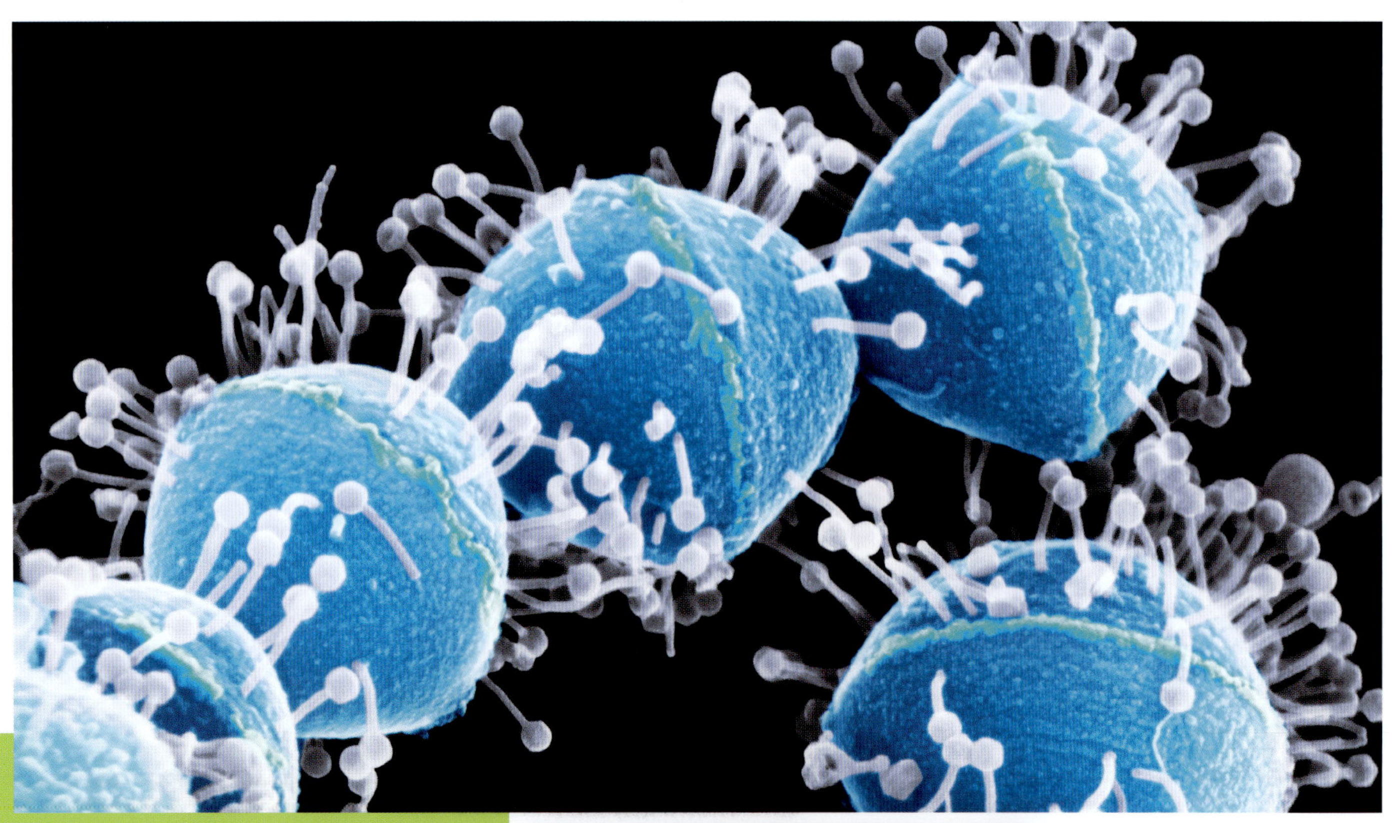

ヴィロプランクトン

ウイルスは摂餌したり、呼吸するなどの基本的な生物学的機能をもたないため、一般に完全な生物だとは認められていない。それにもかかわらず、海洋ウイルスは驚くほど豊富に存在し、その大部分は人間にとって無害である。その代わりに、海洋ウイルスのほとんどは、浮遊性バクテリアに特異的に寄生するバクテリオファージとして知られており、その他の浮遊性微生物を攻撃するものもある。このようなウイルスは、海中のバクテリア1個につき10個存在すると推定されており、海水1㎖あたり2.5億個が存在、つまり普通のコップ1杯だと750億個に相当する。海洋の単細胞微生物群集の5分の1が、感染性ウイルスの作用によって毎日、死滅しているのである。

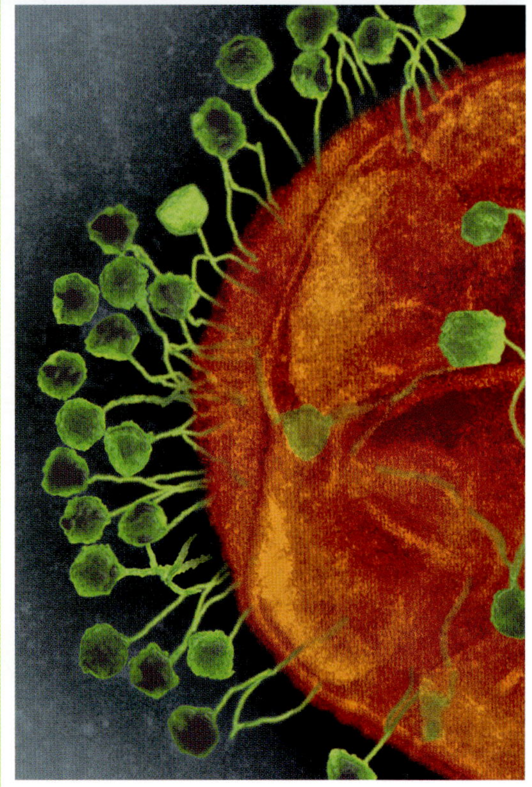

上｜偽色走査型電子顕微鏡写真。バクテリオファージ（白色）が青い連鎖球菌を攻撃している。

左｜バクテリオファージ（緑色）がバクテリアの細胞（オレンジ色）を攻撃している。

CHORDATA 標本の分析

試水は、海辺で採取したバケツの水と本質的には同じである。一見したところ、なんの変哲もない水だ。そこに含まれるプランクトンの少なくとも4分の3は微生物で、ほとんどは単細胞の原生生物(藻類や原生動物など)とバクテリアである。顕微鏡を使えば、藻類の大きなコロニーや微小な動物はすぐに観察できる。この試水を固定剤で処理し、死骸の分解を停止することで、小さな生物を強調しながらそれらを識別することができる。

次に、生物試料を試水から分離すると、測定したり、種類ごとに分類したり、数を数えることができるようになる。標本の損傷を防ぐため、生物を静置沈殿させるのが一般的である。使用される装置はウタモールタワーと呼ばれ、データを標準化できる。基本的には、試水を静置したままにすることで中に含まれるプランクトンが収集容器の底に徐々に沈むようにするものだ。目安としては、タワー内の試水1cmにつき2時間静置する。ただし小さなプランクトンは、大きなものよりも沈むのが遅い。

沈殿したら、顕微鏡で観察する。最良の観察方法は、光源が標本を上から照らし、対物レンズが下から見上げているような倒立観察だ。この装置を使えば、容器の底に沈殿したプランクトンが観察できるので、試水をさらに処理する必要はなくなる。

下 | 光学顕微鏡で撮影された顕微鏡写真。多彩な形をしたさまざまな海洋珪藻を見せている。

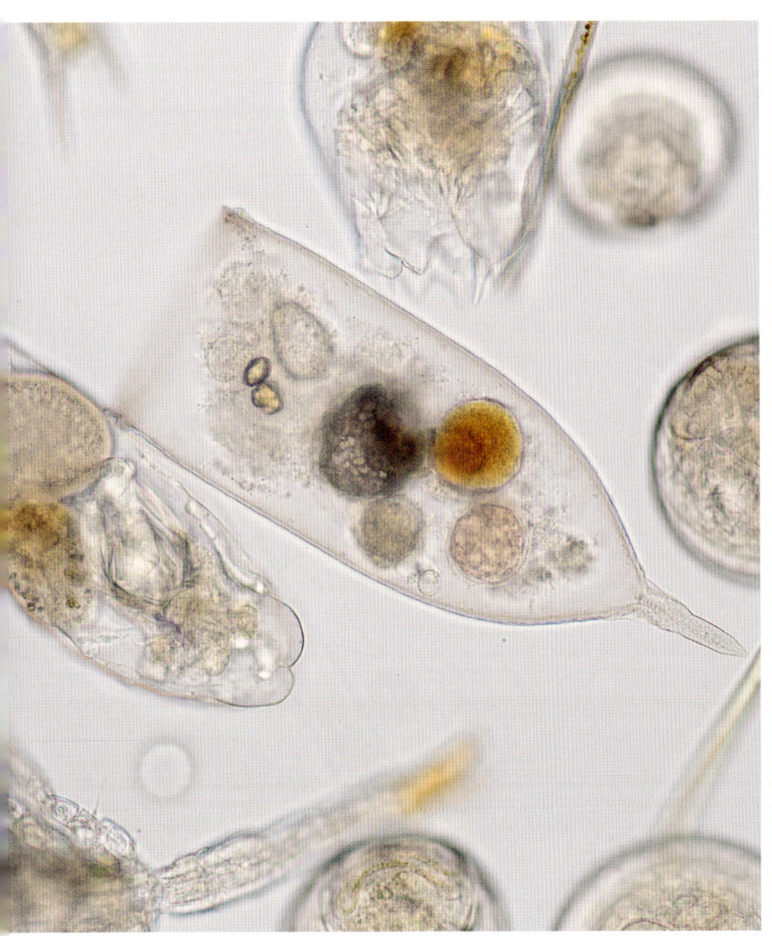

微生物は、視野をいくつかに分けて数える。サンプルの一部分を一度拡大し、全体の何分の一かに相当する視野として数えるのである。より大きな生物は、顕微鏡を低倍率に設定し、標本全体の視野を一度に数える必要がある。大型プランクトン（主に動物プランクトン）の解剖学的研究は、標本の上から対物レンズで観察する単双眼実体顕微鏡が最適である。異なる種類の光源を上下に配置することで付属器官、剛毛、粘液層などの特徴を強調することができる。

手動で標本を観察するだけでなく、化学分析によって、特定の微生物の存在を識別することもできる。標本中の特定の「指紋」化学物質、特にさまざまな生物のリボソームDNA（rRNA）は、生化学ツールキットを使えば検出できる。RNAはDNAと密接な関係にあり、あらゆる生命体において遺伝子のコード化に使用されている。その役割のひとつとして、リボソームをつくるための構造材料がある。リボソームとは、遺伝物質を解読し、その情報を、生命活動を機能させる物質に変換する、全細胞内にある構造体である。すべての生命体はrRNAを利用しており、その精密な構造は標本に含まれるプランクトン、特に、数を数えたり、定量化したりすることが難しい小さな微生物の系統を示す優れたシグナルとなる。

左上 | 光学顕微鏡で見た海洋プランクトン。

右上 | 微分干渉（DIC）光学顕微鏡写真で見られる、主にニセコアミケイソウ属（*Thalassiosira*）の種で形成された珪藻ブルーム。

p.37 | スイス、チューリッヒ近郊のグライフェン湖で、アクアスコープと呼ばれる水中カメラを使用する生態学者たち。

野外にある光学機器

この数十年のデジタル動画と水中光学技術の隆盛のおかげで、研究者たちはプランクトンが生息する野外水域での観察が可能になった。こうしたシステムが特に役立っているのは、動物プランクトンの研究においてだ。動物プランクトンは網から逃げることができたり、単に大きすぎてネットに入らなかったりすることがあり、研究室に持ち帰った標本ではこれらのことが分からないからだ。

プランクトンを採取する際の挙動の一部を撮影するため、ネットにはカメラを取り付けることができる。また、海洋動物の行動をビデオで撮影するため、浮遊装置にも取り付けることができる。微細なプランクトンを鮮明に撮影するには、特殊なカメラワークが必要だ。カメラの前に少量の水を張り、LEDやレーザー光源から光を照射する。これによりカメラは、体が透明であることが多いこの水域の生物に焦点を合わせることができる。このカメラは高速点滅するストロボで照らされた水中のプランクトン「ライトシート」に点描する。カメラの焦点距離は常にライトシートの位置と一致するように設定されている。濁った海域では、沈泥が浮遊して視界が完全に妨げられるため、影絵のような手法で少量の水をスキャンする。この場合、光のパルスにより、光を遮る物体の3次元マップを作成する。このデータを使って画像を再現し、泥の粒子の間を浮遊する動物を明らかにするのである。

ナンキョクオキアミ *Euphausia superba*

甲殻類

ナンキョクオキアミは南極海に生息する甲殻類。世界で最も豊富に生息する動物種のひとつとされており、その総生物量は5億tになると推定されている。世界最大の巨大クジラのみならず、アザラシ、ペンギン、魚類など、さまざまな海洋動物の、そして人間にとっての食料源でもあり、ナンキョクオキアミから抽出されたクリルオイルは、オメガ3脂肪酸の貴重な供給源である。この動物は南極半島地域に最も多く生息しており、1㎥あたり3万匹ほどの密度で巨大な群れを成している。

一見したところ、ナンキョクオキアミはその他のすべてのオキアミ類と同じく、小エビにかなりよく似ており、透明なピンクがかった甲皮と、頭部、胸部、腹部という3つの主要部から成る細長い体をしている。 エビなどの十脚類だと、こうした体の区分がはっきりしないこともある。

摂餌とサバイバル

ナンキョクオキアミはろ過食者(水中で粒子をろ過して食べる動物)だ。羽のような胸脚と呼ばれる前脚を使って水中のマイクロプランクトンをこし取る。この脚で水をさらい、開いた口の前にある「かご」に餌を引っかけるのである。ナンキョクオキアミは南極の生態系 において重要な役割を果たしており、多くの大型捕食者の主要な食 料でもある。群れが攻撃されると、すべてのオキアミが一斉に脱皮し、外甲皮を脱ぐことがある。こうすると捕食者の目標が倍増し、生きているオキアミが攻撃を回避できる可能性が高まるのである。深海に潜るという戦術もあるのだが、オキアミの群れが求める餌の多くは日光の届く有光層にいるのである。

生活環

ナンキョクオキアミは、より大きな捕食者に食べられさえしなければ数年間は生きることができる。体内受精で繁殖するが、その交尾は5段階の複雑なプロセスを経る。繁殖期は12~3月の南半球夏季。より深い暗い層で産卵し、孵化後は多数の幼生期を経て、各段階で付属肢を追加しながら成長する。ナンキョクオキアミは脱皮するごとに次の段階へと形態を変え、終生浮遊生活を営む。

科	オキアミ科(*Euphausiidae*)
分布	南極海
生息域	外洋域
食性	ろ過食者
備考	地球上の動物の中で最大のゲノムをもち、DNAには420億塩基対ある。これは人間のDNAの34億塩基対と比較しても非常に多い。
サイズ	6㎝

p.39 | 南極海を浮遊するナンキョクオキアミ。餌をとらえる「かご」である付属肢がはっきりと見える。

多毛類 *Pelagobia longicirrata*

環形動物

P. longicirrata（ペラゴビア・ロンギシラータ）は、終生プランクトンの多毛類に属する。多毛類は環形動物で、体から毛状突起（ケーテ）と呼ばれる剛毛様の延長部が多数突き出ているのが特徴だ。ペラゴビアは一般的な種で、世界中の海で見られる。いずれも小型で細長く、一生を水柱の中で過ごす。

ペラゴビアはろ過食者であり、羽状の触角を使って水中からあらゆる種類の餌粒子（主に微生物や廃棄物）をこし取って生活している。口部分は、この触角から餌を吸い取るために裏返しになってめくれており、水中の餌を積極的に捕捉するために使うこともできる。ペラゴビアは海洋食物網の重要な構成者であり、魚、カニ、海鳥といったさまざまな動物の餌となっている。

体構造

環形動物として、この多毛類は複数の反復する体節で構成され、一方の端には口と、感覚器官の付いた頭部がある。体は重なり合った小さな鱗で覆われている。ペラゴビアは多毛類でありながら、まるで脚があるように見える。しかし、これは疣足（いぼあし）（「測足」または「付属肢」とも訳される）と呼ばれる、各体節に付く、関節のない、やわらかな延長部である。成体の多毛類は15~18の体節をもち、それぞれに一対の疣足がある。この付属肢はケーテで縁取られることで表面積が広がり、オールのような遊泳肢として機能している。同様のパドル状の付属肢は、底生性多毛類でも発達している。そのおかげで繁殖期に産卵のために海面まで泳ぎ上がることができるのである。

成虫になるまでの段階

終生プランクトンの種は、海底に戻る必要がなくなるように生活環を進化させたと考えられる。その生活環には複数の段階がある。卵は水中で体外受精する。この多毛類の幼生は頭部の一節として始まり、6の発育段階を経てさらに多くの節が追加されて体が伸長し、成体の形態に到達する。

p.41 | *P. longicirrata*の背面図（上から見た図）。体の多くの節からパラポディアが伸びているのが見える。

科	ロバドリンキ科（*Lopadorrhynchidae*）
分布	世界中
生息域	外洋域
食性	ろ過食者
備考	消化管に共生バクテリアがいる。この有益なバクテリアは植物プランクトンの細胞壁内のセルロースを分解するが、これは動物が有する酵素では分解できない。
サイズ	4㎝

ワムシ類 *Conochilus unicornis*

輪形動物

ワムシ類は、独立した門である輪形動物門（Rotifer）に属する微小な水生動物で、大きさが50㎛ほどしかない最小の多細胞動物のひとつ。通常、体を構成する細胞はわずか千個だ。ほとんどのワムシ類は、高精度な顕微鏡でなければ見ることはできないが、中には3㎜に達する巨大な種もおり、肉眼で確認できることもある。そうはいっても目視するのはそれほど簡単なことではない。ワムシ類は透明で、すぐに確認できるのは餌で染まった消化管だけだ。英語名（rotifer）はラテン語で「車輪」を意味する言葉が語源で、この生物の多くの体が円形であることに由来する。口語的に輪形な動物と呼ばれるが、多くはベル型に近い。丸みを帯びた体の前端には「クラウン（冠）」と呼ばれる繊毛が生えており、これが大まかに頭部だとされる部位を形成している。頭部で最も目立つ特徴は小さな赤い眼点で、光は感じ取れるが画像を形成することはできない。繊毛は水中での移動に利用されるが、クラウン内に水流を起こして餌をこし取るために使われる。消化器系は胴体にあり、後部には足のような部分があるが、浮遊性種では尾のような棘へと退化したものである。

広範な生息地

かなり小さいことから、この微小な生物がどれほど広範囲に生息しているのかを把握することは難しい。主には水生動物ではあるが、陸上でも湿った土壌や葉に生息している。永久凍土に凍結されているものが見つかることさえある。ワムシ類はあらゆる淡水と海洋に生息しており、海底に固定されて微細なコロニーを形成する底生動物であるものも多い。しかし、大多数は浮遊性で、淡水のプランクトン群集の重要な構成群となっている。

単為生殖

ワムシ類は有性生殖と無性生殖の両方を行うことができる。無性生殖の単為生殖で、メスはオスと交尾することなく卵を産む。卵は孵化すると成体のミニチュア版となり、すべてがメスである。時折、オスが生まれることもある。オスの生活環は限られており、他のワムシ類が産んだ卵に自らの精子を受精させるためだけに存在する。そうすることで集団の遺伝的多様性を高めるのだ。

p.43 | ツノテマリワムシ（*Conochilus unicornis*）のコロニー。尾のような足で中心にある粘液の塊にしがみついている。

科	テマリワムシ科（*Conochilidae*）
分布	世界中
生息域	海水域および淡水域、湿った陸生の生息地。
食性	ろ過食者
備考	氷に閉じ込められても生き延びることができる。
サイズ	250㎛

コアミケイソウ *Coscinodiscus* sp.

珪藻類

　珪藻類は植物プランクトンであり、海洋食物網において重要な部分を占め、カイアシ類、オキアミ、クラゲなどの動物プランクトンや、ウバザメのようなプランクトン食性魚類など、さまざまな餌の食料となっている。

　コアミケイソウ属は海水中で見られる一般的な珪藻類の一属。この属には100種以上が属し、世界中の海洋のプランクトンの一部を構成している。コアミケイソウ属は円心目珪藻類。つまりは円形である。被殻と呼ばれる外部被覆がこの形状の由来であり、被殻は2つの重なり合う構造、すなわち殻で成り立っている。殻には、さまざまな孔、隆起、棘があり、はっきりとした模様入りである。

　しかし珪藻類全体では約20万種が存在し、中には、円心形の構造ではなく、舟形の羽状形のものもある。珪藻類の胞子は珪酸質でできており、これが美しい光効果を生み出している。珪藻類には「海の宝石」や「生きたオパール」といった叙情的な名称が付いているほか、黄金の幼生と呼ばれることもある。

海洋学における価値

　コアミケイソウ属は海洋において最も豊富な珪藻類の属のひとつであり、海洋学者にとっては重要なデータ源となっている。コアミケイソウ属の個々の種は被殻の大きさ、形、模様によって識別されるが、種の多様さから環境の変化を追跡することもできる。この珪藻が大量発生すると、魚や他の海洋生物のエラを詰まらせるほど有害な量の粘液が発生する。

生殖

　珪藻類は有性生殖と無性生殖の両方を行うことができる。無性生殖が最も一般的で、個々の細胞が2つに分裂する。各娘細胞は親からひとつの被殻を受け継ぐ。成長した珪藻の上殻は常に、下殻にほぼぴったりと収まる。新しい細胞が形成されると、受け継がれた被殻は上殻となり、それに合うような下殻が成長する。その結果、娘細胞のひとつ（小さい下殻を使う方）は親細胞よりも常に小さくなり、この仕組みは世代を重ねるたびに継続する。

p.45 | *Coscinodiscus jonesianus*（コシノディスカス・ヨネジアヌス）の背面から撮影したもの。被殻の上殻が見える。その下に下殻が合わさっている。

科	コアミケイソウ科（*Coscinodiscaceae*）
分布	世界中
生息域	太陽光が届く海域
食性	光合成
備考	ブルーム中に有害な毒素を放出する種があり、危険なレベルに達することもある。
サイズ	200 ㎛

イカリツノモ *Tripos muelleri*

渦鞭毛藻類

この海洋渦鞭毛藻の種は独特な形状が特徴。トリポス属（*Tripos*）のその他の100種以上と同様に、細長い細胞体の両端が先細になっている。細胞には明確な上端（頂点または頂角）があり、下端に2つの底角がある。この種は、U字型の底角が中心軸に対して上向きに曲がっている。同属の仲間は、よりまっすぐな角をもつか、また異なる特徴的な形をしている。

細胞体は2部分から成る被殻に包まれている。被殻は上弁殻と下弁殻で構成され、中央の横溝部（ここではかすかな二重線として見える）で結合している。渦鞭毛藻は2本の鞭毛をもつ生物だと定義される。1本めの鞭毛は被殻の間の側溝で接続されており、2本めの鞭毛は底角付近（この場合、角が外に向かって上に曲がる最も低い点）に位置している。

あらゆる渦鞭毛藻類と同様に、イカリツノモも光合成生物である。この種は渦鞭毛藻の中でも大きめで、主に沿岸域で見られる。より小さな渦鞭毛藻は、栄養の乏しい外洋域でよく見られる。研究により、トリポス属の多くの仲間が、光合成を行うだけでなく、自らの細胞体でバクテリアなどの餌粒子を摂餌する混合栄養であることが明かになっている。

赤潮

トリポス属の渦鞭毛藻の生活環は複雑である。生殖のほとんどは無性生殖で、ひとつの細胞が4または8つの細胞に分裂する。そのためには、細胞がまずその殻から脱しなければならない。有性生殖の段階では、2つの細胞が接合して一時的な形をつくり、その後に分裂してスウォーマーと呼ばれる子孫を放出する。渦鞭毛藻類はまた、休眠胞子を形成し、海底に沈んで一定期間休眠することもできる。トリポス属の渦鞭毛藻は、赤潮の原因となるプランクトンの一種でもある。赤潮ではプランクトンの数が爆発的に増加して水の色が変わり、赤色だけでなく、茶色や緑色になることもある。このプランクトンは、魚を脅かすほどの量の毒素も生成する。

p.45 | 3本の角の向きから、トリポス属の一種であることが分かる。

科	ケラチウム科（*Ceratiaceae*）
分布	世界中
生息域	主に沿岸海域
食性	光合成
備考	ドイツの博物学者ヨハン・アダム・ミュラー（1769～1832年）にちなんで命名された。
サイズ	200 µm

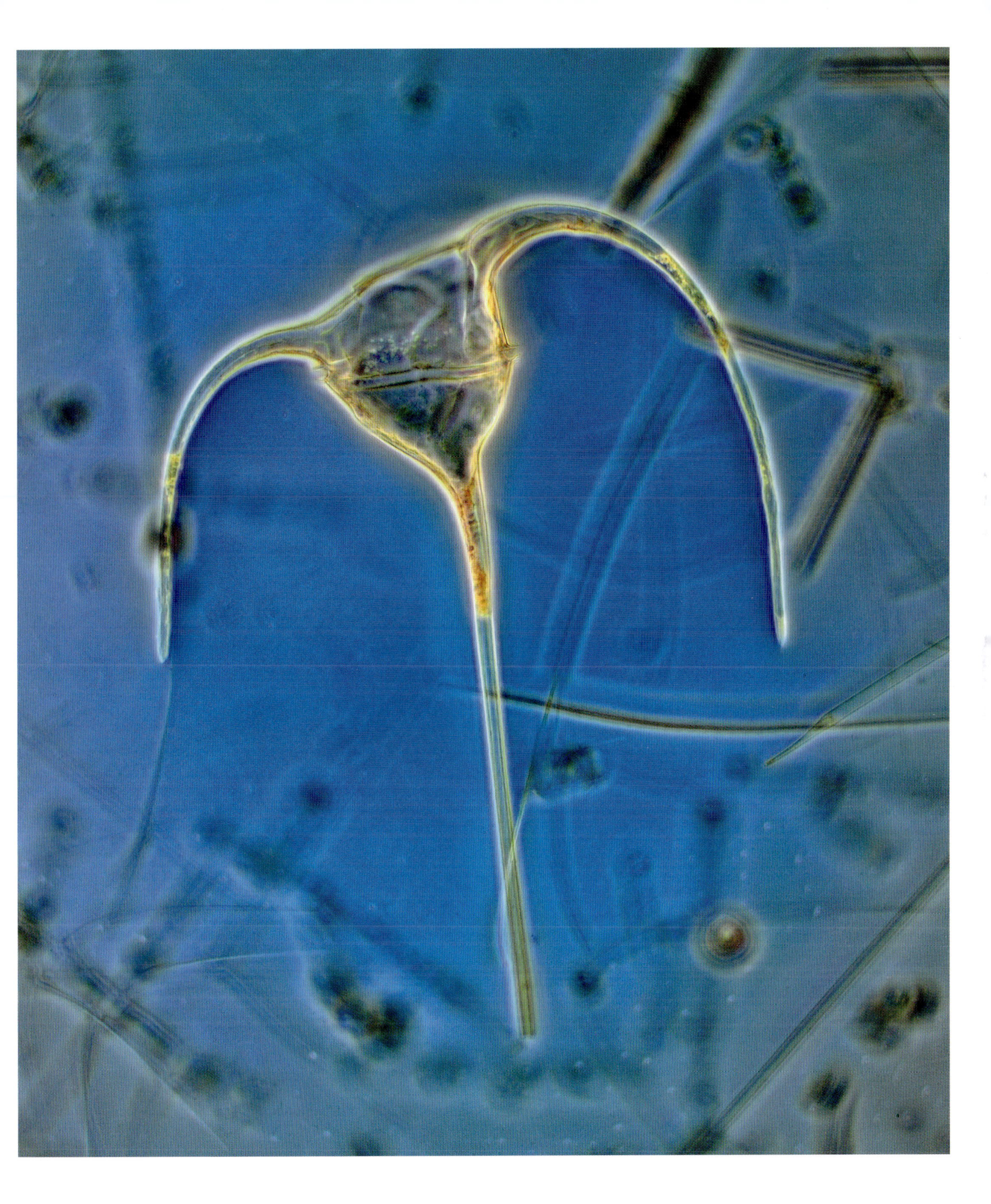

エミリアニア・ハクスレイ *Emiliania huxleyi*

円石藻類

エミリアニア・ハクスレイは海洋原生生物であり、円石藻類の一種である。最も広範かつ豊富に分布している種のひとつで、世界中の海で見ることができる。この種が広く分布している要因は1~30℃の水温に耐えられることであり、極域を除く海域で とりわけ多く見られる。

エミリアニア・ハクスレイは鞭毛をもつ植物プランクトンだが、鞭毛藻という用語は単に鞭のような付属器官が付いていることを指しているに過ぎず、特定の分類学的意味はない。実際のところ、この種では、鞭毛は生活環における短い有性生殖期にしか存在せず、ほとんどの時期はまったくもたない。

多孔質の骨格

円石藻類であるエミリアニア・ハクスレイの大きな特徴は、体を覆う炭酸カルシウムのプレート、すなわち円石をもつことだ。これらの円石が集まってコッコスフィアと呼ばれる多孔質の骨格を形成する。この構造物質が純白であることから、この生物は小さな雪片のように見える。やわらかい石灰岩であるチョーク(白亜)は、はるか昔に死んだプランクトンのコッコスフィアがはかり知れないほど多数集まってできた岩石である。円石藻類の最盛期は約1億年前の白亜紀後期で、恐竜の栄枯盛衰が起こったことで最もよく知られる時代だが、実際には、円石藻類によって当時つくられたチョーク層が時代名の由来となっている。

巨大なブルーム

エミリアニア・ハクスレイは、数十万㎢を覆うブルームを形成する夏に、最も目立つ。ブルームは暖かい水によって部分的に刺激され、気候フィードバック・メカニズムが作用することが確認されている。気候変動によって海水温が上昇すると、円石藻類のブルームはより大きくなり、より頻繁に発生するようになる。このブルームは栄養増殖—別名無性生殖—は、円石藻が白い骨格をもつときに起こる。薄色をしたブルームは表層水の反射率を高め、熱と光を大気(および宇宙)に跳ね返す。すると深海の水は冷却されてしまう。この気候メカニズムによる長期的影響は、まだ調査中だ。

p.49 | エミリアニア・ハクスレイの偽色走査型電子顕微鏡写真。炭酸カルシウムである円石でできた骨格であるコッコスフィアが見える。

科	ノエラエラブダス科(*Noelaerhabdaceae*)
分布	世界中
生息域	太陽光が届く海域
食性	光合成
備考	イギリスの生物学者トマス・ヘンリー・ハクスリー(1825~95年)にちなんで名づけられた。
サイズ	10㎛

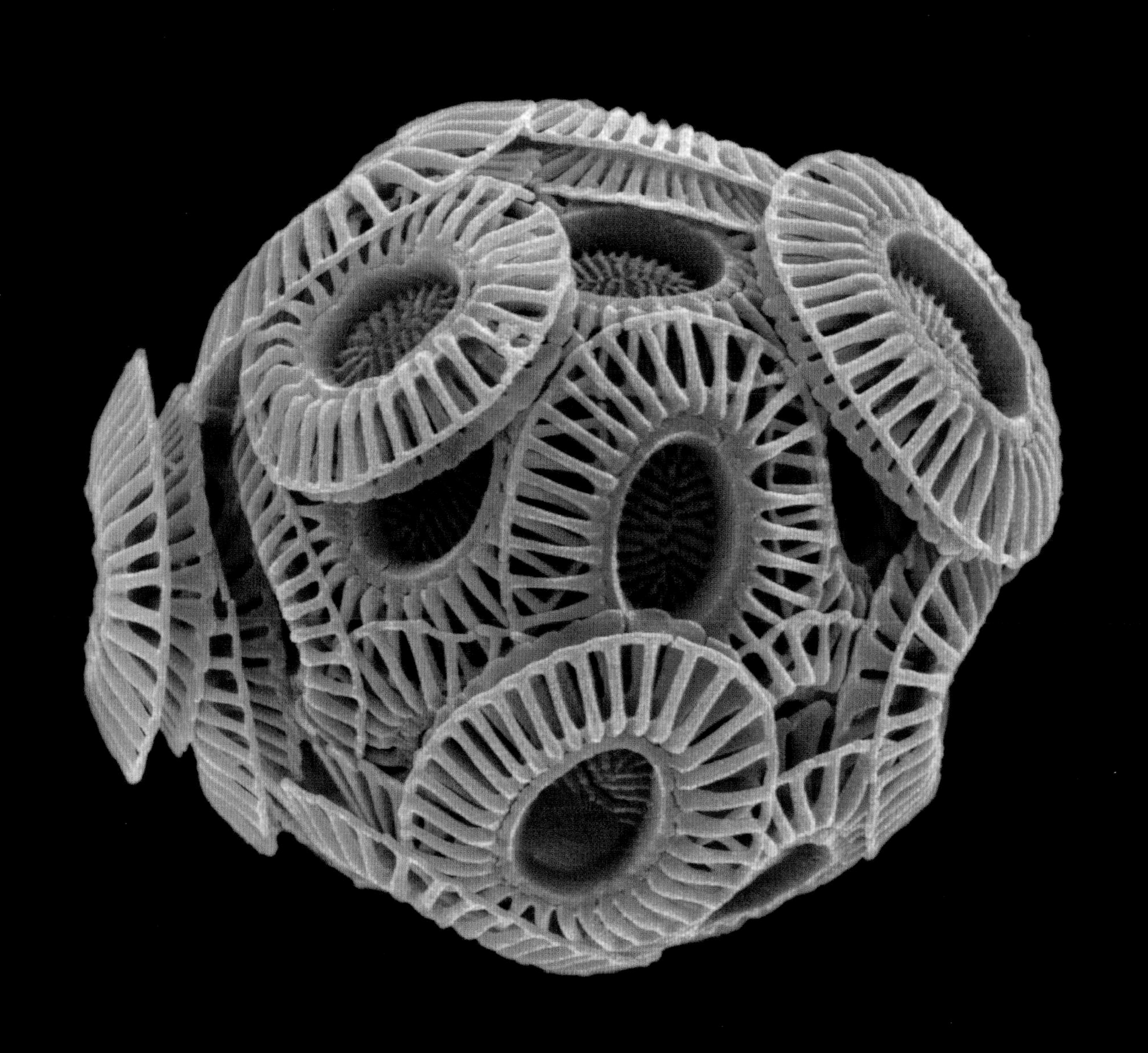

オワンクラゲ *Aequorea victoria*

刺胞動物

オワンクラゲは、太平洋に生息する小型のヒドロ虫クラゲ。北極海縁辺から中米まで、特に北米沿岸の冷水域に最も多く生息している。この写真は、ベル形の傘から触手が垂れ下がる成体の浮遊性クラゲ。性成熟した個体は、直径3cm以上の傘をもつ。 最も大きい個体は直径5cmになる。この種の幼生は、多くのヒドロ虫綱と同様に海底生物としてスタートする。この段階でポリプの形態であり、触手はメデューサとは逆向きに体から伸びる。

生物発光

傘は透明で、青や緑の斑点で装飾されている。オワンクラゲは生物発光の能力をもち、自身で発光することができる。この光は、カルシウムイオンにより、細胞内で活性化されるエクオリンというタンパク質によって生成される。カルシウムイオンがエクオリンに結合すると、青い光が放出される。この青い光は、また別種のタンパク質であるGFP(緑色蛍光タンパク質)によって緑色に変換される。

オワンクラゲは暗い水中で、主に仲間を引きよせるために光を使う。点滅する光は捕食者を驚かせ、自らを実際よりも大きく見せることで防御機能も果たす。薄明かりの環境では、水面の光がきらめくため、この光のショーがカモフラージュになり、クラゲは周囲のきらめく環境に溶け込みやすくなる。

エクオリン・タンパク質は、生物発光の研究はもちろん、さまざまな科学研究に活用されている。この研究は、細胞生物学や医療画像処理など、多彩な用途に利用されている人工蛍光タンパク質の発展をもたらした。2008年には、下村脩、ロジャー・ツィエン、マーティン・チャルフィーが、エクオリンとGFPに関する研究でノーベル化学賞を受賞している。

科	オワンクラゲ科(*Aequoreidae*)
分布	東太平洋
生息域	沿水域
食性	捕食者
備考	蛍光タンパク質の供給源となっている。
サイズ	3㎝

p.51 | オワンクラゲは、多くの遠洋生物と同様に、生物発光を行う能力をもつ。

ヨーロッパウナギ *Anguilla anguilla*

魚類

　このヘビのような形をした魚は成魚になると、西ヨーロッパと北ヨーロッパの淡水河川で生息する。しかしそれは、この生物の自然界でも最も驚異的な生活環の一段階にすぎず、現在でも完全には解明されていない。サケの稚魚が川を下って海へ出て、成魚になると繁殖のために戻ってくるのに対し、ヨーロッパウナギはその逆の行動をとる。ヨーロッパウナギは海の真ん中で産卵し、右の写真のようなレプトケファルスと呼ばれる幼生期をそこで過ごし、海洋プランクトンとして淡水の生息地に向かってゆっくりと漂いながら過ごす。

サルガッソー海へ

　物語はヨーロッパの内陸水域で始まる。そこでは、1m長の丈夫なウナギが嗅覚でワームや水生昆虫の幼虫を見つけては摂餌しながら最大20年間を過ごす。その後、川を下って海へ出て、同じ嗅覚を頼りにすばやく泳ぎ、サルガッソー海の深淵へと向かう。この海域の奥深くで、このウナギたちがどこで産卵し、死んでいくのかを正確に知るものはいない。

　次の世代は約1㎜長の小さくて透明な幼生、レプトケファルスとして卵から孵化する。体は平たい葉のようで、泳ぎが弱々しいため、水中でただ漂うことしかできない。幼生のウナギは、サルガッソー海の循環（ジャイア）の中でカイアシ類、ワムシ類、微小なクラゲなどの小さなプランクトンを捕食する。ジャイアとは暖流の循環流のことで、ホンダワラ属の海藻によって形成される広大な流れ藻パッチがある。

　小さなウナギはこの海流で分散し、その後はメキシコ湾流に乗って北アメリカ東部から大西洋を横断し、ヨーロッパ沿岸に到達する。湾流に乗ると、レプトケファルスは約300日かけて海を渡る。浅海域または沿岸域に到達すると、この薄っぺらなプランクトン幼生は、水の匂いの変化に刺激され、より丈夫なシラスウナギに変態し、初めて淡水系に入る。

　ヨーロッパウナギはすばらしい魚だが、悲しいことに、河川に泳いでくる稚魚が乱獲されているために絶滅の危機に瀕している。稚魚を養殖場で育てるようになったせいだ。ウナギ養殖業者は、この種の独特な生活環のせいで、稚魚の採捕に頼っているのが現状だ。その結果、野生のウナギの数は激減している。

p.53 | 淡水域に向かうヨーロッパウナギのレプトケファルス（幼生）。

科	ウナギ科（*Anguillidae*）
分布	サルガッソー海、メキシコ湾流
生息域	外洋
食性	動物プランクトンを捕食する。
備考	乱獲により絶滅の危機に瀕している。
サイズ	1㎜

CHAPTER 2

LIFESTYLES AND ADAPTATIONS

生活様式と適応

表面積の70%以上を海が覆う地球には、プランクトンが生息できる場所がたっぷりある。海のほぼ90%は水深が1,000m以上で、大抵はこれよりずっと深い。水圏は、世界において生命が生存できる居住可能空間の99%以上を占めている。それにもかかわらず、海は陸地に比べて不毛であり、地球上に存在する種の推定15%しか生息していない。そうはいっても海洋は非常に多様で、陸上よりも種の総数は少ないにもかかわらず、より幅広い「門」が存在している。

プランクトンの生活様式は一見単純だが、海洋のどこにでもいるわけでは決してない。地理的にも、深度としても均等に分布しているわけではないのだ。プランクトンの群集が、ある場所で繁栄し、別の場所はそうでない理由について、研究者たちにはまだ学ぶべきことが膨大にある。気候変動や生態系へのダメージにさらされている世界では、こうした知識が極めて重要になってくる。

FORCES AT WORK
作用する力

どのプランクトンにも共通する能力がある。それは、浮遊するということだ。それは、純粋に体のサイズに基づく本質的事実の場合もあるだろう。また、浮遊する生活様式に適応し、細胞体内のガス小胞などが小さな浮き輪のように働く単純な機能で、細胞全体の密度を周囲の海水よりも軽くしているプランクトンもいる。大きなプランクトンには、それと同様の役割を果たす気体入りの浮袋もしくは気泡があるが、もう少し複雑な適応としては、水中に広げた粘液の糸で体重を分散させることにより、重力の影響を軽減する方法もある。その他には、活発に泳ぐことで浮遊するプランクトンもいる。泳がないと沈んでしまうため、その場に留まるためには泳ぎ続けなければならない。

アルキメデスはプランクトンに関する実用的な知識はもたず、わたしたちが知る限り、海洋生物学にあまり関心もなかったようだが、浮いたり沈んだりする力の仕組みについて、初めて明確に言葉にした人物である。すべてのプランクトンに重さがあり、それをすべて足すと莫大な量になる。シアノバクテリアだけでも、世界中の総重量は約10億tだと推定されているのだ。とはいえ細菌細胞1個の重さは1pg(ピコグラム)、つまり1兆分の1gに過ぎない。プランクトンは生きている間は沈まないが、死ぬと重力に逆らえなくなり、沈んでいくしかない。

浮くか沈むかはすべて、サイズによる浮力次第。浮力とは周囲の水分子全体による押す力である。アルキメデスは次のように言い表したようだ――プランクトンは自らの体の体積分の水を押しのけるが、その体積の水よりも軽ければ浮く。これは、プランクトンにかかる重力が浮力よりも弱いためである。それが著しく弱ければ、プランクトンは水面に浮上する(風に吹かれることで水の表面張力から解放されれば空中に浮かぶことさえある。空中プランクトンは風船のように周囲の気体の浮力によって空中に浮く)。一般的にプランクトンは水を主成分とするため、水とほぼ同じ密度である。よって中性浮力となるので、波や流れによって水がかき混ぜられない限りは、ほぼ同じ深さに留まる。

右 | ミズクラゲ (*Aurelia aurita*)のブルーム (大量発生)。

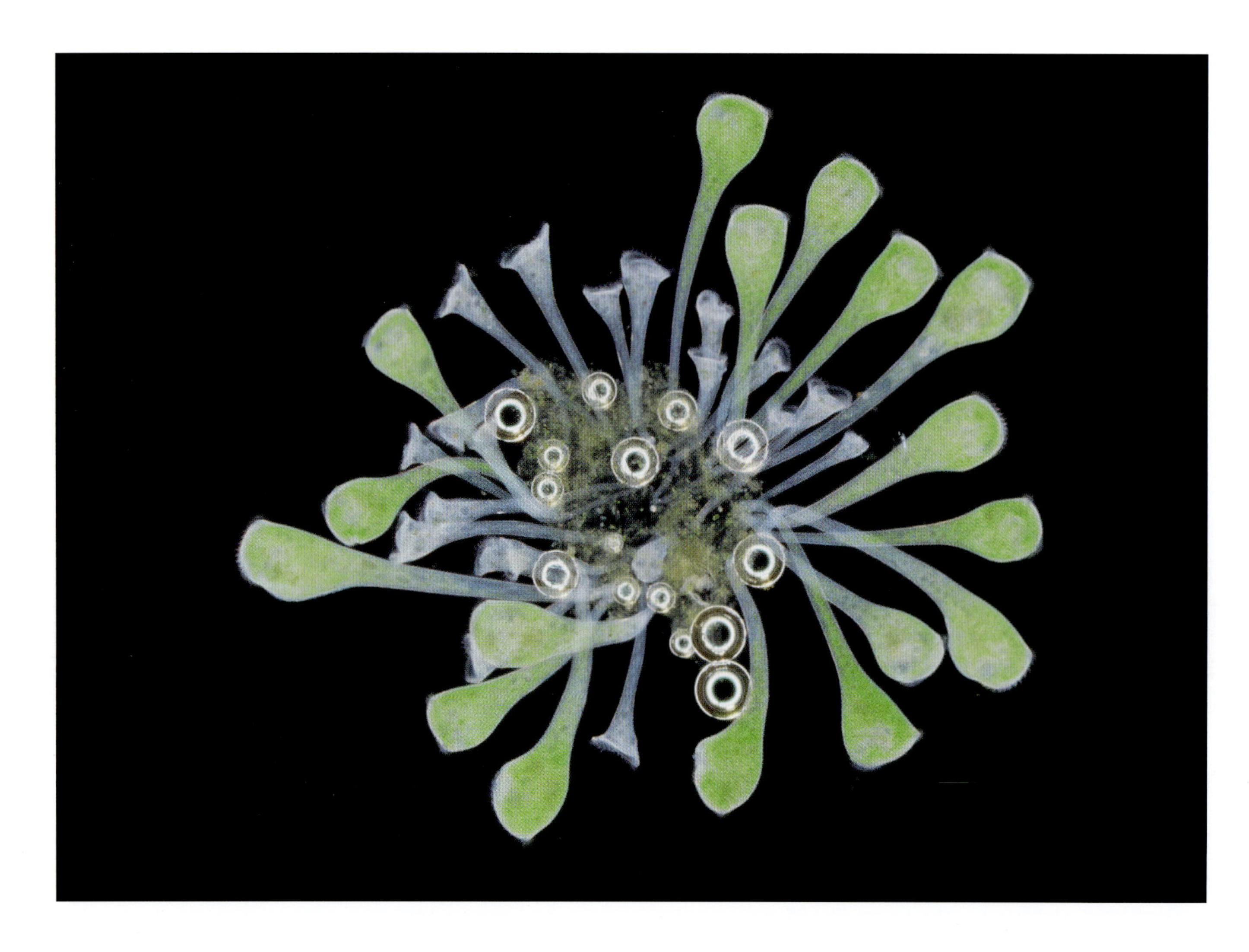

サイズアップ

浮力が大きさに応じたものでないことは明らかだが、プランクトンはそのほとんどが小さな生物だ。プランクトンにおける最大のグループであるメガプランクトンが、幅20㎝以上のものを指すことは示唆に富んでいるといえる。このグループはクラゲが主流だが、サルパなどの浮遊性の尾索類など、あまり一般的ではない生物も含まれる。幅は20㎝未満だが、2㎝より大きいものはマクロプランクトンと呼ばれ、これも肉眼で見ることができる大きさだ(水中で十分に観察できるのであれば、だが)。このグループには、エビやオキアミなどの大型甲殻類と、クシクラゲの一部が含まれる。

幅が2㎝以下のものはメソプランクトンの領域になる。プランクトン群集はこのレベルから、多様性と現存量の点で大きく拡大する。メソプランクトンは、それより大きなグループと同様に「動物」が優占するが、このグループにはネクトンの浮遊幼生が含まれる(ネクトンとは、海流に逆らって遊泳できる海洋動物を指す)。さらにこのグループには、カイアシ類、ヤムシ類、ミジンコなど、動物プランクトン群集の主要な構成員も多数含まれている。

さらに小さいのがマイクロプランクトンで、大きさは20~200㎛(マイクロメートル:1メートルの100万分の1)である。この大きさになると、繊毛虫類や有孔虫類といった単細胞の原生生物が登場する。その他にワムシ類やカイアシ類の幼生といったものも含まれる。次にくるのがナノプランクトン。大きさは2~20㎛である。このサイズ群は原生生物が大部分を占めている。このサイズになると動物は存在せず、バクテリアはこれよりもさらに小さい。

p.58 | 原生生物の繊毛虫類であるラッパムシ（*Stentor*）の浮遊コロニーと、コロニーを浮かせるために利用された気泡。

左 | シアノバクテリアのアナベナの鎖状群体。わずかに大きくて暗い色の細胞は異質細胞で、水中の窒素を硝酸塩に変換する。

下 | プランクトンの相対的サイズをまとめた図。

バクテリアは、2㎛未満のピコプランクトンに属する。このグループはシアノバクテリアが大部分を占めており、その小ささにもかかわらず、海洋や地球全体の生態系において重要な役割を果たしている。さらにバクテリアは、あらゆる水深で常に見つかる唯一のプランクトン生物である（密度は低下するものの）。ただしプランクトンは、バクテリアが最小なわけではない。フェムトプランクトンには、長さが1㎛の数分の一である海洋ウイルスが含まれる。第1章で説明したように、ウイルスとは生理活性物質であり、海洋生物に大きな生態学的影響を及ぼす。しかし、一般に認められている意味での生物ではない（p.34参照）。

プランクトンのサイズ分類

メガプランクトン（20～200㎝）
マクロプランクトン（2～20㎝）
メソプランクトン（0.2～20㎜）
マイクロプランクトン（20～200㎛）
ナノプランクトン（2～20㎛）
ピコプランクトン（0.2～2㎛）
ネットプランクトン

VERTICAL ZONES 鉛直区域

海洋の生活環境は決して一様ではなく、深さ、緯度など、さまざまな要因によって変わってくる。海洋は、ほとんどの場所が暮らすには厳しいが、プランクトンはどこにでも存在する。海の表層は、日中は日光を浴び、目に見えて生物が群れているところもある。しかし水深が深くなると暗く、冷たくなり、水圧も急激に上昇し、保護されていないダイバーなら表層とは言えども死にかねないほどだ。このような変動があることから、海洋学者は深さをもとに海を区域分けしている。このような区域を定義する要素は、第一に光、第二に海底の位置と地形である。

有光層

海の上層は真光層と呼ばれるが、有光層という用語のほうがよく知られている。ご想像どおり、この上層は、日中は太陽光に照らされる。しかし、光や水はよく混ざるものではない。太陽光の明るさは、最も澄んだ水域でも、水深200mで元の強度の1%にまで低下する。堆積物が混ざって水が濁っていると、光は水深10mまでしか届かない。

有光層ではあらゆる生命活動が行われており、海洋生物の約90%がここに生息している。光合成を主な栄養源とする植物プランクトンにとって、水柱の表層以外の部分で長期間生存することは不可能なのである。動物プランクトンや一般的な海洋動物はこの層に集まり、植物プランクトンから始まる食物連鎖に連なる。

薄闇の中で——トワイライトゾーン(弱光層)

太陽の光が当たる水深の下、つまりは水深200mより深い場所がトワイライトゾーン(弱光層)となる。ここは水面からの光は届くが、光合成に利用できるほど強くはなく、薄暗がりより明るくなることはない。それでも弱光層は動物の生命にとって一種の安息の地であり、動物プランクトンの巨大な群れなど、さまざまな群れが生息している。

弱光層は主にメソプランクトンに属する動物プランクトンや、多くのネクトンにとっての避難場所であり、ここから有光層の植物プランクトンや動物プランクトンの群集に攻撃を仕掛ける。これにより、地球上、最も大量な生物の移動、すなわち日周鉛直移動(DVM)が発生する。DVMについては第4章でさらに詳しく説明するが(p.134参照)、簡単にいうと動物プランクトンは、太陽が水平線に沈み、有光

漂泳区分帯

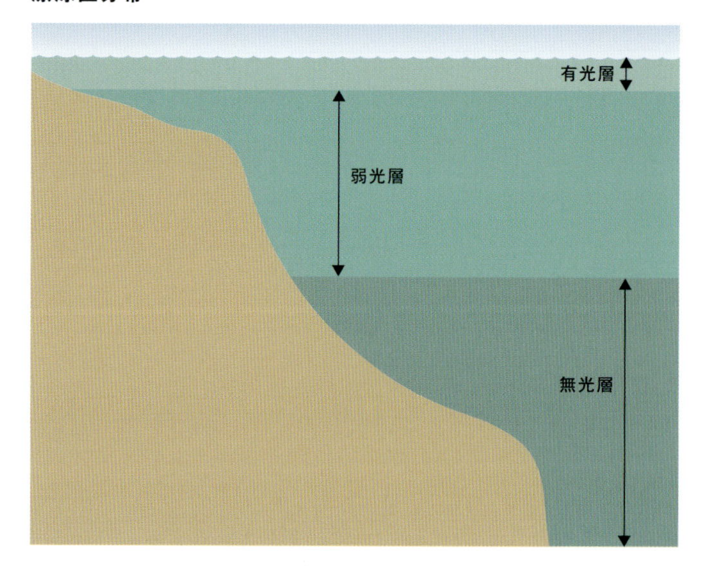

p.61 | ベンガルフエダイ(*Lutjanus bengalensis*)やムレハタタテダイ(*Heniochus diphreutes*)などの熱帯魚は、捕食者を避けるためにサンゴ礁へと潜る。インド洋のモルジブにある北アリ環礁にて撮影。

右 | 海洋の区域は光の環境によって区分される。

層が暗闇になるまで弱光層に潜んでいるのである。カイアシ類やオキアミなどの動物プランクトンは、この暗闇に紛れて浮上して植物プランクトンを食べる。有光層の視覚捕食者に狙われる恐れがあるため、こうした動物プランクトンたちは日中に餌を探す危険を冒すことはできないのだ。

魚類をはじめとする多くの海洋動物は、この夜間の捕食者を追って表層まで上がってくる（広く知られているように、ハダカイワシは夜間に大群で餌を食べるときに自らの生物発光を囮にする）。それとは対照的に、大量に湧き上がってくる捕食者の活動から逃れるために、夜間に深層へと向かう動物プランクトンもいる。朝になると、光に向かって泳ぎ、上方へと戻るのだ。日周鉛直移動（DVM）と逆の行動をとる種は、獲物のDVMを追う捕食者を避けることができるようだ。

ミッドナイトゾーンへ

1,000mより深海になると光は届かない。ここから下はミッドナイトゾーン、より一般的には無光層と呼ばれ、表層の太陽光の状態に関係なく、通常は24時間、完全に暗い。この層は海底までずっと続く。この暗い水域では、生物数は減少するものの、まだ存在している。プランクトンにとって、ミッドナイトゾーンの生態系には制限がある。多くのプランクトンは、暴風や海流によって表層水がかき混ぜられたりすると、誤ってここに到着することもあるが、もう二度と海面には戻れない。そんなプランクトンはマリンスノー（p.100参照）の一部となる。マリンスノーは、より生産性の高い表層から沈む有機物（ほとんどが死骸）の絶え間ないシャワーであり、深海と海底に存在する多くの食物連鎖の究極の栄養源となっている。

p.62 | カイアシ類の背面写真。頭部の触角が剛毛でおおわれている。この毛状構造は、水中の獲物のごくわずかな動きでも感知するので餌を探すのに役立つ。

右 | トワイライトゾーン（弱光層）に生息するキタカブトクラゲ（*Bolinopsis infundibulum*）。

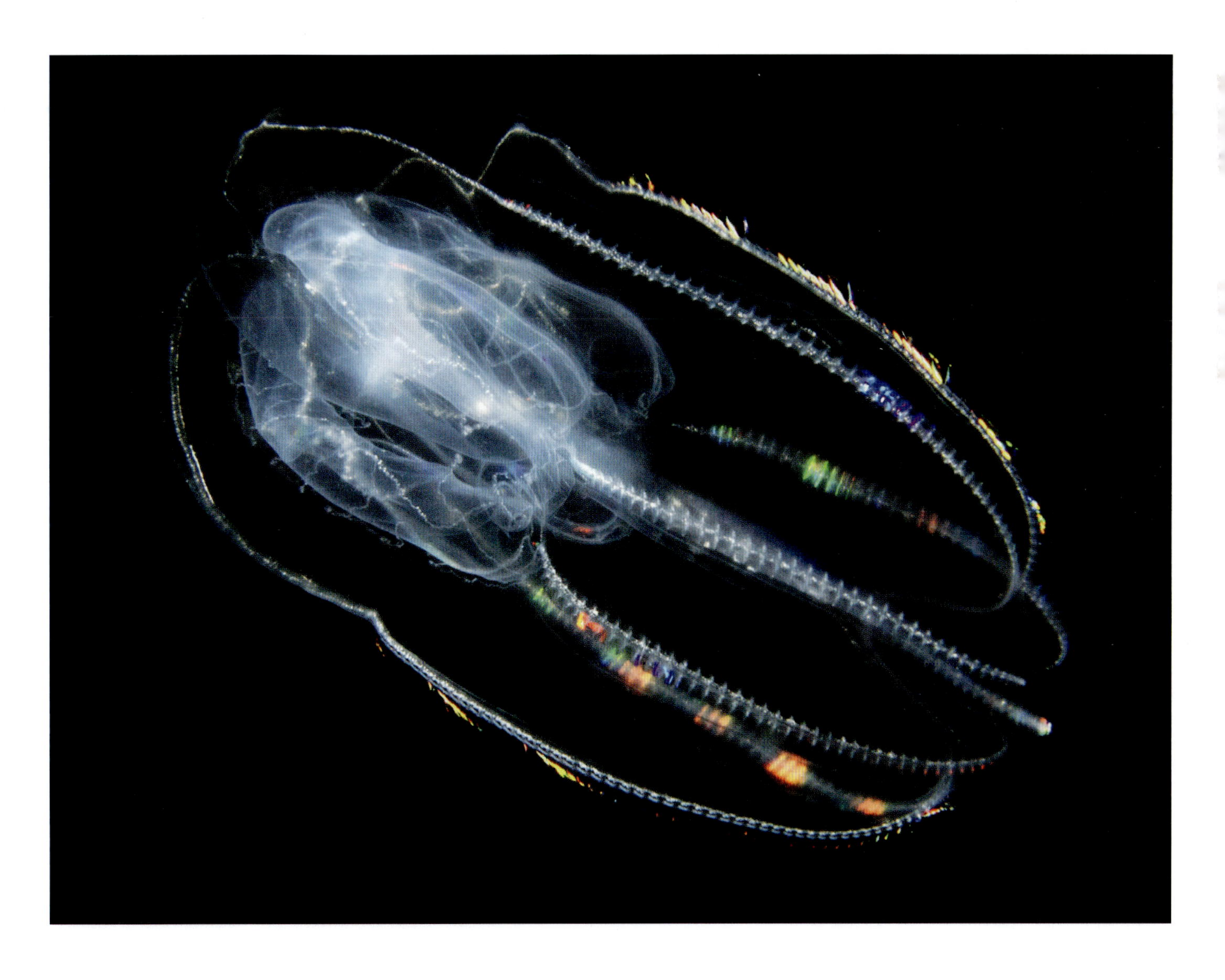

EVADING DETECTION 追跡から逃れる

イルカやペンギンの逆影（動物の体表の光が当たる背中部分が暗色、陰になる部分が明色となる現象）や、光が反射する魚の鱗、あるいは、一部のプランクトンが透明になることなど、海洋生物は捕食者から逃れるために、さまざまなトリックを駆使する。

こうした巧妙なトリックには水の光学特性が利用されているが、空気の光学特性とはまったく異なる。この違いこそが、果てしなく広がる深い海で日々を過ごす海洋生物の視覚に大きな影響を与えている。プランクトンなどの海洋生物が自らを見えなくする戦略をとるのは、この特性を利用しているのだ。

違いは明らか

水のさまざまな視覚的生態学を体験する方法のひとつは、晴れた日に透明な海を数メートル潜り、スネルの窓、つまりは頭上の水面に見える明るい部分を見上げてみることだ。これは海にもぐると頭上に現れる明るい円で、これを通して海面上のようすを見ることができるが、180度の視野全体は90度強に圧縮され、歪んで見える。人間の視覚では解釈しづらいが、海洋生物が水面下から見ることができるのは、これがすべてなのである。

光りの屈折により生まれた「スネルの窓」は、その仕組みを説明したルネサンス期オランダの天文学者にちなんで名付けられた。屈折とは、光線がある透明な媒体から別の媒体（例えば空気から水）へと移動する際に方向を変える現象をいう。水の屈折特性により、空気を透過するすべての光がこのせまい窓に集中する。その結果、水面はどこを見上げても不透明に照らされた境界面で、その向こう側にある詳細なイメージは見えない。下を見ると光源はなく、深海に向かってただ暗闇が続くだけである。

イルカやクジラ、サメ、ペンギンなど、さまざまな大型海洋生物に見られる逆影は明かに、この海洋における光環境の産物のひとつだ。この場合、体の上部が暗い色に、下側が淡い色になる。上から見ると、暗い表面は深海の暗闇と溶け合い、下から見ると、スネルの窓から差し込む明るい光の背景と、青白い下腹部を区別することは難しい。プランクトンのような小さな生物では、この逆影はアサガオガイ（*Janthina janthina*、p.80参照）のケースのように反転することもある。この貝は、水面に逆さになって浮かぶことから、殻の上にくる体部がより薄い色に、その下の殻がより暗い色である青紫色になる。

ビッグブルー

小さな動物ほど、水は青いということが重要な意味をもってくる。食塩が白く、木炭が黒いように、これも物質の色だ。ただ、水が大量に集まってから見ないと、その青さは分からない。一方で空気は無色だ（青空は光学的効果であり、空気の色ではない）。したがってある意味、水の青色は、森の緑色に似ているといえる。生物が周囲に溶け込むには、その周囲の色になる必要がある。森の小動物に緑色のものが多いのはこの理由からだ。

しかし水中は、このような単純な仕組みにはなっていない。アオガエルがあの色に見えるのは、皮膚が太陽光の緑の部分を反射し、赤と青の部分を吸収するせいである。海では、水は赤と緑の光を吸収してしまい、やや青い光を透過させ、水中を泳いだり浮遊したりしている物体を照らしている。周囲の水と同じ色に見えるためには、物体は当たる光すべてを反射しなければならない。魚の鱗が鏡に似ているのはこのためなのだ。鱗は魚と観察者との間の光を反射するが、これは魚の背後から来る光と同じである。したがって魚は、見えなくなるマントの後ろに隠れたかのようになる。少なくともそのようになることを目指している。人間のように3色を見分ける目をもっているなら、これはうまく機能することだろう。しかし、魚自体はそう簡単にはだまされない。魚は2色型色覚をもつため、水の背景に対し、形を視覚化するよう調整されている。イワシやカタクチイワシなど、視覚で捕食する魚は海中を調べるときに、動物プランクトンの形状を探すのだ。

p.64 上 | 紅海に生息するヨゴレザメ（*Carcharhinus longimanus*）。スネルの窓の下を泳いでいる。

p.64 左下 | 南極近くのマッコーリー島沖を泳ぐオウサマペンギン（*Aptenodytes patagonicus*）の群れ。体が明らかに逆影となっている。

p.64 右下 | 鏡のような鱗をもつハナタカサゴ（*Caesio lunaris*）。ミクロネシア、パラオの青い海では見分けにくい。

カイアシ類をはじめとする多くの動物プランクトン種が、発見される可能性を最小限に抑えるために単純なトリックを利用しているが、水中で目立たないようにする最良の方法は、体をほぼ透明にすることだ。陸上で体をカモフラージュするために使われる複雑な色彩は、ここでは役に立たない。透明であれば、光はプランクトンをまっすぐに通り抜け、捕食魚に見つかりそうな特徴的なシルエットも残らない。プランクトンの内部構造、特に消化管は露呈してしまうものの、捕食者の標的にはなりづらくなるのだ。

もちろん、あらゆる生物学的適応と同様に、透明性を採用することにも犠牲は伴う。プランクトンの細胞化学を乱す可能性のある、高エネルギーで厄介な紫外線が吸収されてしまうので、色素は実は有益なのである。魚の捕食者がさほど脅威にならない湖では、まさにこの理由から、プランクトンの色素は濃くなる。

生き残るために

プランクトンは、永遠に捕食者から探知されることを避けられない生きものだが、その防衛のための奥の手をもっている。例えば、付属肢をはじき、ランダムな方向へ高速で跳び去る、動物プランクトンの逃避反応などである。カイアシ類は頭部の付属肢を使い、強力に水をかいて勢いよく「ジャンプ」する。これにより、F16戦闘機の加速度を超えるような、体長の500倍の速度で水中を移動するのだ。

捕食を避けるための戦略として、保護用のゼリーを大量につくるという方法もある。さまざまな種類の植物／動物プランクトンが、ゼラチン状の体を発達させてきた。これにより、資源をあまり消費することなく、急速に大きなサイズに成長することができる。しかも捕食者たちは、ゼリーの塊を理想的な餌とは見なさない傾向にあるのだ。

右｜オーストラリアのジャービス湾（右）とモルジブ（p.67）の海岸沿いで、渦鞭毛藻類の大発生による生物発光が水面を壮観に照らしている。

生物発光

暗い海では生物が生物発光と呼ばれる反応で自ら発光する。バクテリアや渦鞭毛藻類からクラゲまで、多くの種類のプランクトンがこれを行う。プランクトンが生物発光する理由は、必ずしも明らかになってはいない。その光は、仲間を引きよせたり、もっと高度な手段としてコミュニケーションをとったりするための、他の仲間への信号である可能性がある。逆にその光は、親しい仲間が発しているのだと獲物に錯覚させ、実際は敵のほうへおびきよせるための罠かもしれない。生物発光は冷光を生じるため、熱などのエネルギーは放出されない。この光は化学反応によって生成され、色は化学的なものではなく構造的で、同じ化学物質（ルシフェリンとして知られる）が発光器官にどう配置されているかによって、生成される色合いも変わってくるのだ。

SEAFLOOR PROFILE 海底の特徴

海底の状態

プランクトン群集は水深だけでなく、海底の地形、すなわち海底の起伏からも影響を受ける。海岸近くの海域は沿岸域と呼ばれ、陸地から離れた海域は外洋域と呼ばれる。沿岸域は大陸棚上にあるため、ほとんどが浅い。

大陸棚

大陸棚は陸地の下端、つまり海面より下にある大陸地殻の一部である。その水深はわずか数十メートルで、実質的には完全に有光層内に収まる。

大陸斜面

大陸棚は最終的には大陸斜面と呼ばれる急勾配な斜面に変わり、数千メートルの海底に向けて深くなっていく。これは、厚い大陸地殻から、より深い位置にあって薄い海洋地殻への地形の移行を表している。大陸斜面は、地球の表層水を保持する広大な海盆域の周囲壁でもあり、斜面を越えた水域は外洋域である。

コンチネンタル・ライズ

大陸棚斜面はコンチネンタル・ライズと呼ばれる穏やかな傾斜の斜面に変わり、大洋底に向けて深くなっていく。コンチネンタル・ライズは、大陸棚縁辺から流出した物質によって形成されており、津波を発生させる海底の巨大な土石流も含まれる。あらゆる瓦礫がここに堆積するので、大陸地殻および海洋地殻由来の物理的・化学的性質が中間的な移行帯を形成する大陸斜面は、地球の表層水を保持する広大な海洋盆地の周囲壁でもあり、斜面を越えた水域は海洋である。

深海平原

深海平原は、その名の通りで、陸地と比べると低い丘陵を伴った大部分が平坦な海域である。生物はほぼ存在せず、生命物質は1㎡あたりに、わずか4gしかない（ただし興味深いことに、深海丘陵では、その数は倍になる）。これに対し、砂漠の生物量は1㎡あたり20g、熱帯雨林では1㎡あたり40kgとなる。

海洋区域

深海平原上の外洋域は、海底の地形に対応する区域に分けられる。表層は有光層に相当する。弱光層は中層である。これよりも下は無光層である。大陸斜面の底部の深さまで、あるいはその近辺までは漸深層と呼ばれる。この深さを越えると、水は一様に冷たくなり、約4℃の水温で密度が最高になる。この温度の水は、約4,000m以

深海域

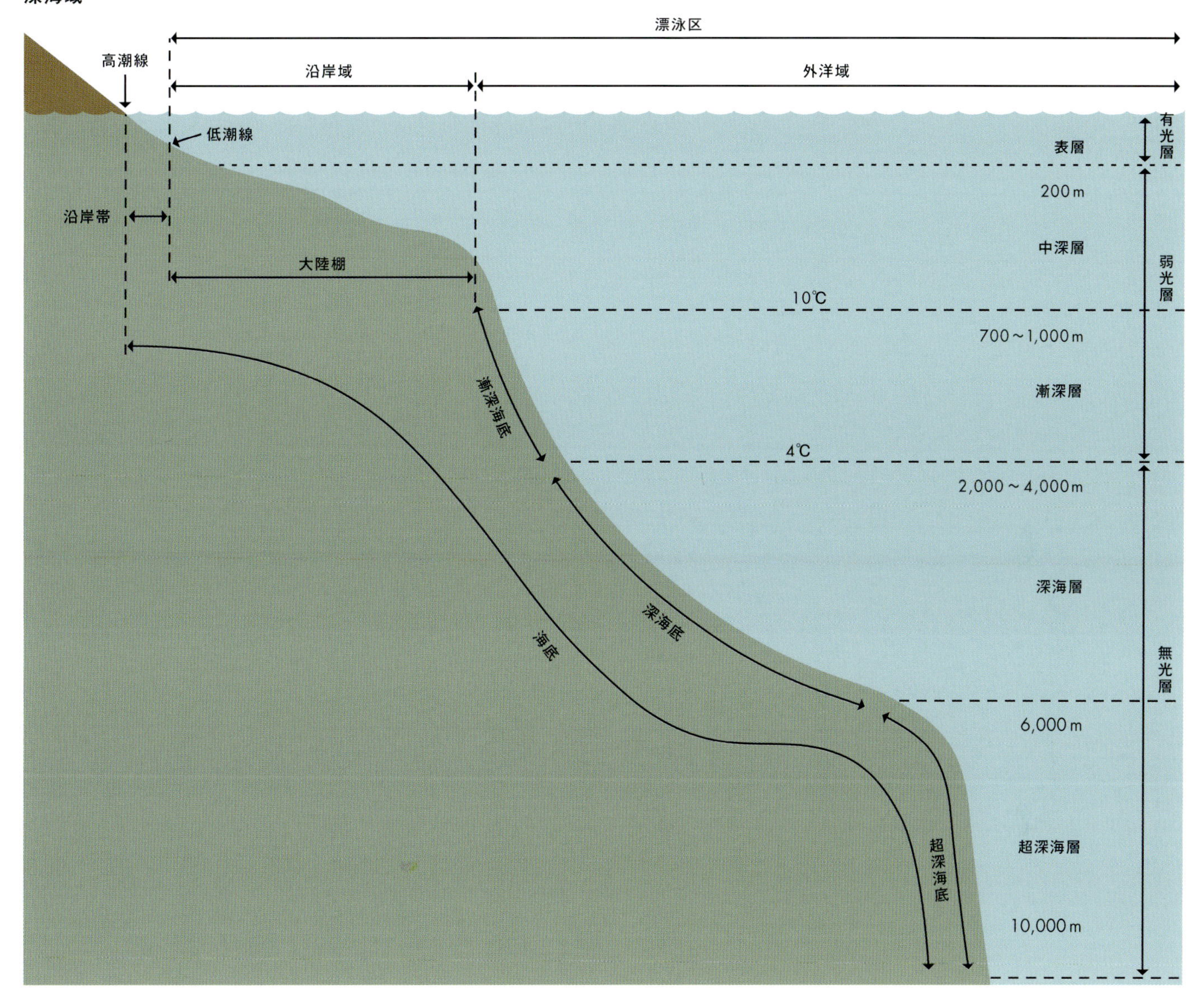

深に蓄積され、深海領域として知られる不気味なほど静かな深海層を形成する。しかし海は、そこで終わるわけではない。さらに深い水域が存在するのだ。

海溝と海山

海底の火山地域は、地殻が裂けて広がり、新しい岩石が形成される場所か、一方の地殻が他の地殻に押し込まれてゆっくりと破壊され、元々の出所だった煮えたぎるマグマへと戻される地点に現れる。後者では、海底は深海の海溝に引きずり込まれる。海溝で最も深い

p.68 | カリフォルニア州モントレー沖の大陸棚には深い海底峡谷が広がっている。深海とつながっているということは、この海域が生物で満ちあふれていることを意味する。

上 | 海岸から外洋に向かって広がり、深海に向かって続く海底の断面図と、その上の海洋区分を概説した図。

のは西太平洋のマリアナ海溝で、水深11km以上ある。しかし、これらの海溝では超深海帯と呼ばれる領域に、プランクトンがまだ存在している。これらのプランクトンは主には化学合成細菌で、ほとんどの生命体にとって餌とならないような化学物質を栄養として自らを維持している。

熱水噴出孔

海底の火山地帯は地殻が非常に薄く、地球内部の熱が地表近くにまで達している。もちろん、そのせいで溶岩が噴火して新しい海底や海底火山(海山)が形成されることもあるが、熱エネルギーは熱水噴出孔を通じて海底に到達する。これらは基本的に、海底の温泉となる。冷たい海水が深部の岩石に浸透し、その下のマグマにより、過度に熱されるのだ。この過熱により、水は液体のままだが、通常の沸点をはるかに超え、岩石に閉じ込められている多くの鉱物が溶解する。熱水は400℃以上になり、海面にある熱水噴出孔から噴出すると、水はすぐに冷却される(海底の水温は通常4℃である)。

突然の冷却により、溶解した鉱物が溶液から抜け出し、煙様に凝固して周囲の水に噴出する。こうした鉱物には硫酸塩、鉄、窒素化合物などがあり、噴出孔周辺にいる水中のバクテリアがエネルギー源や栄養源として利用する。これらのバクテリアは化学合成細菌として知られ、要するに無機の化学物質を「食べる」。深海の噴出孔の周囲には光がなく、植物プランクトンもいないため、化学合成プランクトンが食物連鎖の基盤となる。噴出孔付近の熱水に耐えられる奇妙な生物の群れが、それらを水からこし取る。そうした生物には剛毛におおわれたイエティのようなカニ(キワ属)などがいる。このカニは狩りはせず、剛毛の生えたハサミを水中で振り、浮遊性バクテリアがそこでマット状に増殖するよう促す。その後に、そこで増殖したこの餌を、自らのハサミを使ってすするのだ。

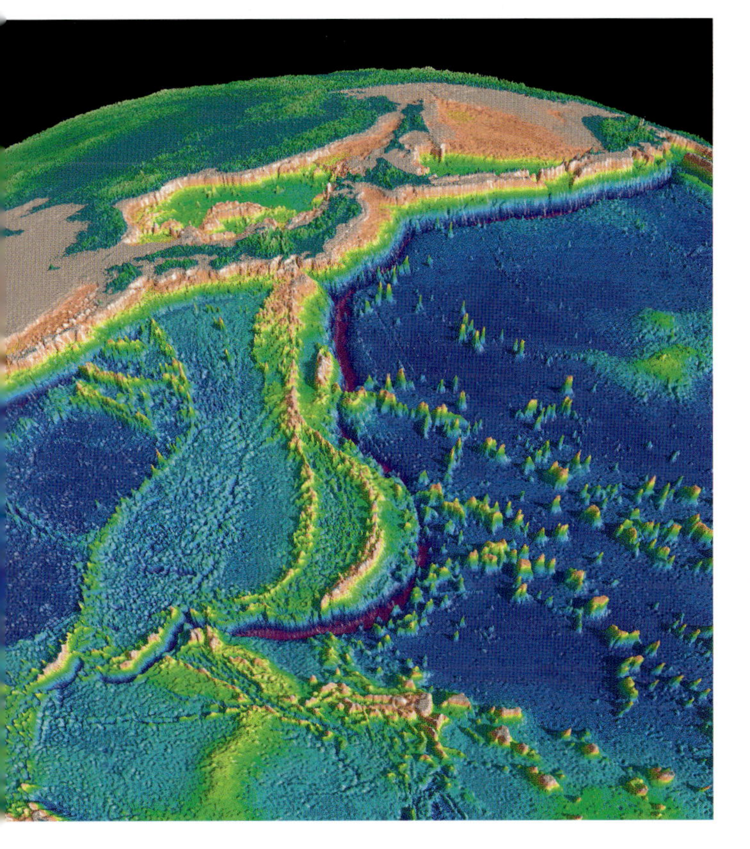

p.70 上 | レトリーバー海山上の深海サンゴの生息地を調査する遠隔操作無人探査機(Deep Discoverer ROV)。

p.70 下 | 大西洋中央部の海底にある熱水噴出孔から放出する熱と鉱物は、その周囲に生息する動物たちにエネルギーと栄養を供給する。

左 | マリアナ海溝(紫色の弧で表示)周辺の地形のコンピュータ・モデル。太平洋海溝は地球上の最深部である。

FOLLOW THE NUTRIENTS 栄養素を追う

プランクトンの在と不在をマッピングすることは、水中の栄養分の動きを追跡する優れた方法である。沿岸域は、太陽光が当たる外洋よりも生物が豊富だ。これらの海域で、プランクトンの大量発生がより起こりやすいことや、世界の漁業のほとんどが行われていることは偶然ではない。浅い海には陸地から流れ込む栄養が豊富にあることが、その理由である。

こうした栄養塩には、硝酸塩、リン酸塩、鉄などの鉱物があり、これらは植物プランクトンの成長にも、動物プランクトン群集の生存にも不可欠なのである。沿岸域や大陸棚の海底に浮遊する堆積物には特定の化学的性質があり、特定の割合で鉱物も含んでいる。鉱物はゆっくりと、しかし着実に大陸斜面をつたって流れ落ち、生命が繁栄するために鉱物を求めている暖かい有光層ではなく、冷たい深海底にたどり着く。

外洋水には沿岸水とは異なる栄養塩バランスがある。陸地由来の鉱物は、ここには簡単には届かない。春などの成長期に植物プランクトンが大量発生すると、供給された栄養塩は数週間のうちに急速に消費される。その後、硝酸塩などの生命に不可欠な成分が欠乏するようになるにつれて、成長速度は低下する。活動を継続するには、日光に照らされてはいるが栄養塩に乏しい表層水と、暗く、冷たく、栄養分が豊富な深層水がある程度混ざる必要がある。

混合層

海面がうねっていたり、波立っていたりするにもかかわらず、その下の海水は驚くほど静かだ。深層水には、栄養となる化学成分が豊富に含まれているため、深層水が流入することにより、表層の水も豊かになる。

混合には、さまざまなメカニズムがある。分かりやすい例は、季節的な嵐や風が海水をかき回すことだ。この影響は、高緯度で最も顕著である。春の成長期が過ぎると、植物プランクトンの数は減少し始め、次に動物プランクトンが増殖する。植物プランクトンは、秋の嵐が深層まで海水を混ぜ始め、日照時間が短くなるにつれ、再び急増することもある。この混合過程は冬を通して続き、春になると表層水が更新する。

温暖な緯度帯では、プランクトンの成長が日照時間の変化によって制限されることはないが、鉱物不足に苦しめられることがある。風や嵐でか水がき混ぜられることが稀であるため、海域が上層の暖水と下層の冷水の層にはっきりと分かれる。その結果、熱帯の海には北と南の冷たい海域にはある栄養塩が欠乏することになる。気象が成長に最適な晴天であるにもかかわらず、熱帯の海は嵐に見舞われる北や南の海に比べてプランクトンの量が少なくなるのだ。

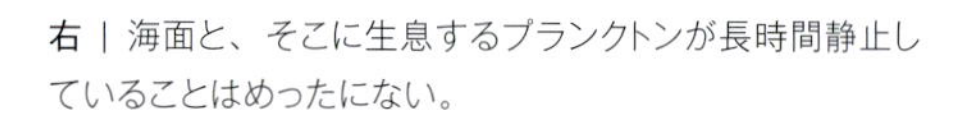
右｜海面と、そこに生息するプランクトンが長時間静止していることはめったにない。

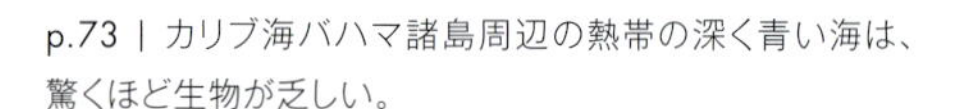
p.73｜カリブ海バハマ諸島周辺の熱帯の深く青い海は、驚くほど生物が乏しい。

高栄養塩低クロロフィル（HNLC）海域

水中の植物プランクトン量を測定し、プランクトン全体の豊富さを把握する簡単な方法は、水中のクロロフィル量を見ることである。必須栄養塩のない海域では、クロロフィルの数値も当然、低くなる。しかし研究者たちは、栄養素が豊富でありながらもクロロフィルが少ない地域、すなわち高栄養塩低クロロフィル（HNLC）海域があることを発見した。そこに存在するプランクトンは、大型の藻類ではなく、ナノプランクトン・バクテリアである。HNLC海域は世界の表層域の約5分の1を占めており、そのほとんどは赤道太平洋と南極海にある。

HNLCが生じる原因は2つ考えられる。ひとつは、海水に窒素などの主要栄養塩は豊富なものの、プランクトンが利用できる形態の鉄分が不足しているという説だ。鉄分は沿岸域では容易に摂取できるが、海洋では、陸地から遠く離れた海まで吹き飛ばされる砂嵐が運ぶ鉄分に依存している。理論上、HNLC海域では鉄分をほとんど受け取れず、この不足により植物プランクトンの成長が阻害される。これらの水域に鉄分を添加する実験によると、植物プランクトンの数は増えるものの、その他の海域と同様に、鉄が供給されると、その他のマクロ栄養塩によって制限されることが実証されている。もうひとつの説は、HNLC海域の植物プランクトン、特に珪藻などの光合成原生生物が、摂食圧によって制限されるというものだ。弱光層に潜む動物プランクトンは、荒れた丘陵地に生息するヤギのようなもので、毎晩、利用可能なすべての餌を最低限レベルまで食べ尽くすのだ。

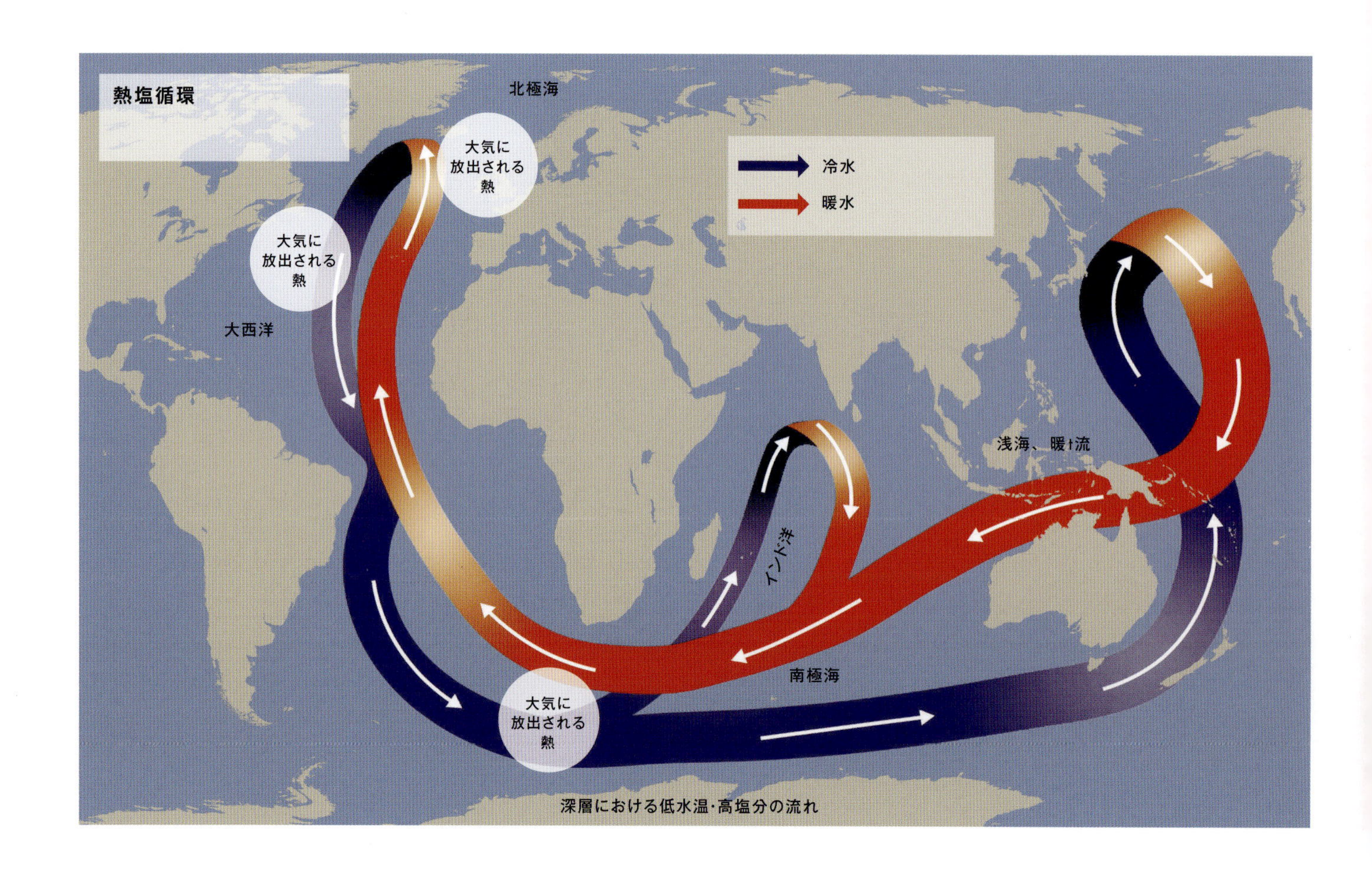

OCEAN CURRENTS 海流

海水の動きは、長期にわたる海流によって引き起こされ、海流どうしが協調し、海水を全体的にゆっくりとかき混ぜている。南米の太平洋沿岸やアフリカ南部の岬付近など、非常に肥沃な海は、栄養塩に富んだ冷たい海流により、その豊かさが保たれているのだ。

海流の動きは卓越風と地球の自転によって引き起こされるが、水の流れは熱塩循環システムからも影響を受ける。これは海水の温度と塩分、つまりは塩辛さに関係している。地球規模の現象であるため、海水が凍って氷になる極海を始点として考えるのが最適だ。極海では、凍っていない海水が凍った水の塩分を受け継ぐため(塩分は凍らないため)、塩分が上昇する。

海水の塩分が増すと水の密度も増し、極域の海水は海底に向かって沈んでいく。この冷水は(非常にゆっくりと)深海を通って流れ始め、赤道へと栄養塩を運ぶ。熱帯域では、暖かく低塩分な海水が表層を形成し、その下にある低温·高塩分で高密度な層の上を流れる。低塩分の海水は、氷床の周りの沈降水によって生じる流れに引きよせられ、極域に向かって広がっていく。そして、表層の動きが深層水を引き上げる。このように大規模な湧昇(海水が深層から表層に湧き上がる現象またその流れ)はインド洋や太平洋、南極の周辺で見られる。湧昇水は海洋混合の究極の原動力であり、深海に閉じ込められていた栄養塩を海面へと引き上げる。湧昇が起こっている場所には、プランクトンも集まってくる。

湧昇

さまざまな海洋島や海底山脈、海山の周辺では、より小規模で局地的な湧昇が発生する。海底の海流はこうした地理的障害物に沿って押し上げられ、栄養塩豊富な冷たいスープを表層付近へと運ぶ。湧昇は、風が陸地から離れるように吹いたり、岸に平行して吹いたりする場所でも形成される。これにより表層水が移動し、深層水が引きあげられる。海山の場合、水没した山の頂はともすれば荒涼としている海原で、オアシスの役割を果たす。湧昇が、海山の一方の側面と山頂で、プランクトンや他の生物の野生生物に栄養塩を供給するからだ。湧昇が起こらない側の斜面周辺の水域は、生産性が比較的低い。

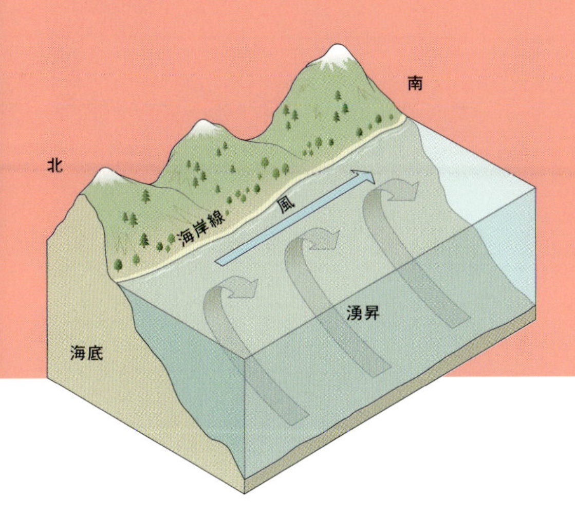

p.74｜熱塩循環、つまり地球規模のコンベヤーベルトは、地球全体の海洋を通る水の動きをゆっくりだが着実に進める。

上｜風によって推進される局地的な湧昇を示す図解。

右上｜バハ·カリフォルニア沖の南コルテス海で、口を開け、喉袋を膨らませて餌を食べるナガスクジラ（*Balaenoptera physalus*）。

右｜南アフリカ東海岸沖でのサーディンラン（イワシの大移動）中にイワシの群れの中を泳ぐクロヘリメジロザメ（*Carcharhinus brachyurus*）。

オルニトケルクス属 *Ornithocercus magnificus*

渦鞭毛藻類

浮遊性渦鞭毛藻のオルニトケルクス属(*Ornithocercus*)は、その印象的な外見で知られている。原生生物の3D画像を生成する走査型電子顕微鏡で見ると、とりわけよく分かる。この属は、17~18枚の重なり合うセルロース製の鎧板をもつ有殻渦鞭毛藻類に属する。これは、陸上植物の細胞壁に利用されているものと同じ構造物質だが、植物細胞とは異なり、セルロースの鎧板が渦鞭毛藻の細胞膜の外側を包むのではなく内部にある構造になっている。

ここで紹介する種は*Ornithocercus magnificus*(オルニトケルクス・マグニフィクス)である。1880年代にオルニトケルクス属として初めて登録されたもので、熱帯の暖かい海域に生息している。オルニトケルクス属をこの門のその他の種と区別する主な細胞の特徴は、細胞の上部を囲む襟のように見える環状構造である。これは上殻または部位によって形成され、下殻に比べて大幅に萎んでいる。

深海のサバイバー

オルニトケルクス属に属する種の細胞は、植物プランクトンであるにもかかわらず、葉緑体をもたない。その代わりに細胞膜を通して有機物を吸収する完全な従属栄養生物である。だからこそ、光合成が不可能な、深く、暗く、濁った水の中でも生き残ることができる。しかし渦鞭毛藻類は、シアノバクテリアと共生関係にあることから、植物プランクトン群集との関りもかなり深い。これらの光合成バクテリアは、細胞体の横溝に詰め込まれている。共生生物は、水中で自由に浮遊するのではなく、宿主内の化学的状態から利益を得ていると考えられる。宿主は、暗い水中に沈んだときは共生するバクテリアを摂餌するものの、晴れた日にはこれらを補充する。

世界的な拡散

非常に温暖な水域に生息するため、*O.magnificus*をはじめとする本属の種は、海洋学者や気候学者から生育環境の指標として利用されている。ひとつの仮説は、気候によって海洋が温暖化するにつれて、これらのプランクトンが北と南に広がるというもの。渦鞭毛藻が海洋の新しい海域に登場するにつれて、その仮説の信憑性が高まっている。

科	渦鞭毛藻(*Dinophysaceae*)
分布	世界中
生息域	温暖な海域
食性	従属栄養生物
備考	共生シアノバクテリアを宿す。
サイズ	100 µm

p.77 | 地中海から採取された*O.magnificus*の走査型電子顕微鏡画像(560倍に拡大したもの)。

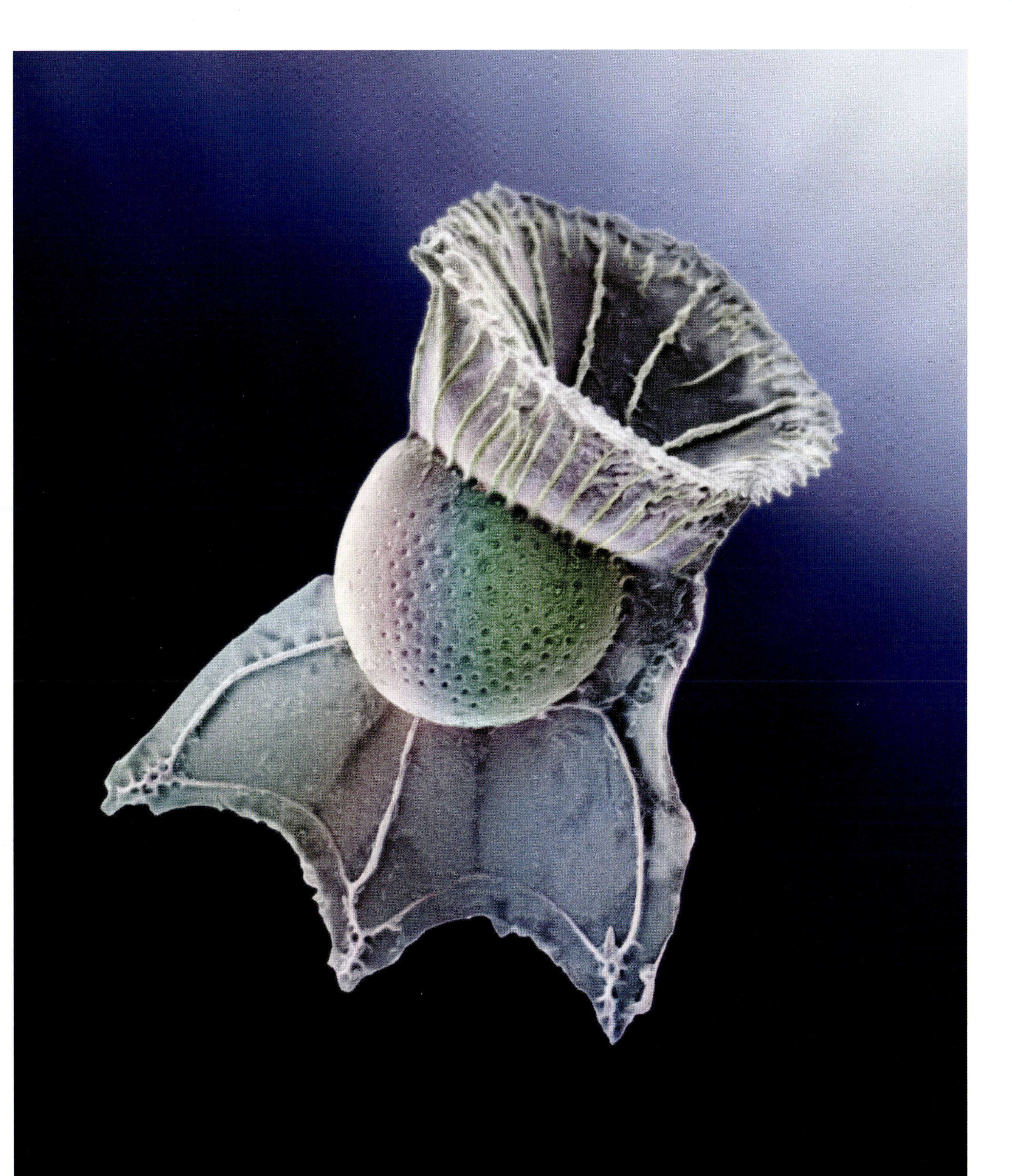

グロエオトリキア属 *Gloeotrichia echinulata*

シアノバクテリア（ラン藻類）

グロエオトリキア属（*Gloeotrichia*）は、シアノバクテリアに属する単細胞の光合成生物の属である。主に湖に生息するプランクトンで、澄んだ冷たい水の中で繁殖し、水中、主には表面近くに浮遊する糸状のコロニーとして見られる。これらの浮遊性コロニーは数百万個の細胞を含み、直径2㎜まで膨らむ。細胞は、多数の毛のような糸状または柵状かつ塊状の粘液膜を形成することで互いに付着する。コロニーは、栄養塩が豊富な湖底の岩や石の上にぬめりのあるマットを形成すると考えられている。その後、コロニー内の小気胞を利用し、より強い光を受けられる水面近くまで上昇する。

淡水生物

グロエオトリキア属の多くが、淡水域を優占するバクテリアであるため、さまざまな環境調査プロジェクトで研究されている。淡水系における栄養塩循環を理解する上で興味深い生物であり、特に窒素、鉄、リン化合物がこれらの生息域でどのように移動するかに関わっている。これらのバクテリアは、実際は一時生プランクトンであり、一年のうちの一時期のみ水中を浮遊しているとされる。残りの時間、主に冬の間は、沈殿物中で休眠状態にある。

淡水性のシアノバクテリアは有毒になることがあり、夏に大量発生（異常増殖）が生じると、湖を独特な青緑色に変えることもある。公衆衛生の観点からも、こうしたバクテリアは監視する必要がある。さもないと湖の利用者に影響を及ぼしたり、飲料用処理水に混入したりする可能性があるのだ。こうした湖沼プランクトンの大量発生は、富栄養化と呼ばれる過程に原因がある（p.189参照）。陸地の作物向けの栄養塩や排水が流域に流れ込み、湖に蓄積する現象だが、こうした化学肥料は湖沼プランクトンの増殖を刺激し、自然の生態系のバランスを乱す。水面に植物プランクトンが大量発生すると光、熱、酸素が水柱の下層に届かなくなってしまうのだ。

p.79 | 湖沼プランクトンの一員である *Gloeotrichia echinulata*（グロエオトリキア・エキヌラタ）の光学顕微鏡写真。

科	グロエオトリキア科（*Gloeotrichiaceae*）
分布	世界中
生息域	淡水湖
食性	光合成
備考	人間やその他の動物に対し有害になる場合がある。
サイズ	コロニーは幅2㎜

アサガオガイ *Janthina janthina*

軟体動物

アサガオガイは腹足類と呼ばれる軟体動物の一種である。同類の貝と同様に殻と筋肉質の足をもつが、その他の巻貝とは異なる点がある。殻が軽くて薄く、陸上や海底に生息する仲間の貝が備えているような保護機能がほぼないのだ。これはアサガオガイが、固い物質の表面をゆっくりと着実に滑るのではなく、海面に逆さに張りつく性質をもつためである。足はとりわけヌルヌルしており、厚みのある粘液性の泡が集まって浮力を高めるおかげで、この軟体動物は水中に沈まない。このような水面に浮かぶ動物は、ニューストン（水表生物）と呼ばれる特別なプランクトン群集を形成している。

この巻貝の粘液には、貝や他の軟体動物が、浮遊する卵舟をつくるときに使うのと同じ化学物質が含まれている。こうした浮遊卵から孵化した幼生はベリジャーと呼ばれ、一般に発育の初期段階ではかなり小さく、プランクトンとして漂うことができる。幼生は初期の発育段階では薄い皮膚のような殻でおおわれており、軟体動物が成長するにつれて殻が厚くなり、最終的には海底に沈んでいく。

一方、アサガオガイはそれとは対照的で、卵が自由に浮かぶのではなく、（すでに浮遊している）母親が、ベリジャー幼生が孵化するまで卵を保持する。この種は活発な摂食者であり、舌のような歯舌を使い、水面に浮かぶ微小なヒドロ虫類を食べる。この巻貝の好物は、クラゲの一種であるカツオノカンムリ（*Velella velella*）である。

雌雄同体の利点

生息域が暖かい海域に限られているにもかかわらず、アサガオガイは世界中で見ることができる。連続雌雄同体であり、若い成体はオスで、年をとるにつれてメスとなる。この順序により、より年をとって大きくなった巻貝が卵生産を最大化し、小さなオスからほぼ無限に供給される精子で受精可能になる。

逆影

アサガオガイが有する紙のように薄い球形の殻は主に、逆影で捕食者から身を隠すカモフラージュに役立つ。殻の上部は淡色で、下部は濃い青紫がかった色をしている（これが名前の由来にもなっている）。通常、この配色は逆で、薄い色が下方、暗い色が上方になるのだが、アサガオガイは逆さまにぶら下がった状態で生活するので、配色も逆さまになるのだ。

科	イトカケガイ科（*Epitoniidae*）
分布	世界中
生息域	熱帯および亜熱帯の海
食性	クラゲを捕食する。
備考	水面上の空気を利用して泡をふくらませる。
サイズ	4 ㎝

p.81 | 足から分泌される粘液でおおわれた泡の筏で海面から逆さまにぶら下がるアサガオガイ。

モモイロサルパ *Pegea confoederata*

サルパ類

サルパは樽型で浮遊性の尾索類。つまり、クラゲなど、多くのプランクトンよりも人間に近い存在である。それだけでなく、サルパはその他の意味でも魅力的な動物群だ。動物界で最も効率的に泳ぐ動物のひとつであり、複雑な生活環を経る。サルパは世界中の海で見られ、温帯および熱帯の海域に最も多く生息している。サイズも数ミリから数メートルまで、さまざまである。

ここで紹介するサルパ類の「モモイロサルパ」は大型種のひとつだ。サルパはろ過食者で、周囲の水中を漂う小さなプランクトンなどの餌粒子を食べる。サルパの摂食メカニズムは、この動物の珍しい移動方法とも関連している。体を収縮させ、ゲルで満たされた体腔に水をポンプのように通すと、サルパを前進させる水流が生まれるのだ。サルパはプランクトンにしては泳ぎが高速で、時速100mに達するものもある。

サルパは魚、クジラ、海鳥に餌を供給する、海洋食物網の重要な一部である。そのバイオマスは深海へ沈むマリンスノーのかなりの部分を占めている。それ故に、サルパの量は、生物ポンプ（海洋において生物が担う、表層から深層への炭素輸送の過程）の一部として長期的な炭素沈降に加わってくる物質量を監視するのに適している（p.101参照）。

成長する連鎖

サルパの生活環は複雑で、有性生殖と無性生殖の両方を行う。有性生殖では、2匹のサルパが卵と精子を水中に放出する。卵が受精して生まれた幼生は若いサルパに成長する。若いサルパはその後、出芽と呼ばれる過程を経て繰り返し分裂し、娘サルパの連鎖を形成する。サルパの連鎖には、数百、数千ものクローン個体が含まれることもある。

サルパの連鎖が成長すると、やがて連鎖の先頭にいる古い個体は死ぬ。残ったサルパは連鎖から分離し、新しい連鎖を形成する。この連鎖の形成と切断のプロセスは、サルパの生涯を通じて続いていく。理想的な条件下では、サルパは何千もの連鎖個体を含む群れを形成して常に伸び続け、分裂し、これを繰り返す。サルパはどんな微生物よりも速く増殖できるといわれている。

p.83 | モモイロサルパの群れ。カリフォルニア州サンディエゴ沖で撮影。

科	サルパ科（*Salpidae*）
分布	世界中
生息域	世界全域
食性	ろ過食者
備考	捕食者から逃れるために小魚がサルパ内部で泳ぐことがある。
サイズ	30㎝

オーストラリアウンバチクラゲ *Chironex fleckeri*

刺胞動物

その名が示すとおり、箱虫綱(Cubozoa)のクラゲは体が箱型で、一般的にハコクラゲと呼ばれている。この名称は、ここで紹介するインド太平洋地域の種であるオーストラリアウンバチクラゲに主に関連しているが、この種は、南太平洋の楽園である暖かく澄んだ熱帯の海を楽しむ観光客を恐怖に陥れることがある。このクラゲの名に含まれるウンバチ(海のスズメバチ)が、多少の警戒感を喚起するかもしれないが、そんな程度では十分ではない。オーストラリアウンバチクラゲは猛毒をもち、「世界で最も危険なクラゲ」とも称される極めて有害なプランクトンなのだ。1884年以降、オーストラリアだけで少なくとも64人がこのクラゲの刺傷で死亡している。水中に沈むとほぼ完全に透明になるため、この生きものを見つけることは、ほぼ不可能で、遊泳者にとって大きな脅威となる。海岸近くで最もよく見られるのは夏季である。

たちの悪い刺針

オーストラリアウンバチクラゲの毒はタンパク質の複雑な混合物で、さまざまな症状を引き起こす可能性があるが、最も顕著なのは激しい痛みである。吐き気、嘔吐、筋肉のけいれん、麻痺などの症状も引き起こすが、さらに、血液中のカリウム濃度を急上昇させることもある。突然の致命的な心停止を引き起こす可能性があることから、この症状が極めつけに危険である。このクラゲに刺されると数秒で死に至ることもあるが、ほとんどの場合、そうはならない。最善の治療法は、救助を呼び、刺された部分を酢で洗い流すこと。酸が毒針の細胞の働きを停止させるのだ(ただし、毒素を中和するわけではない)。その後に、皮膚についた触手を優しく取り除く(ピンセットかクレジットカードを使うと取り除きやすい)。

長い触手

オーストラリアウンバチクラゲはハコクラゲの中では最大である。その傘は、通常は16㎝ほどだが、最大35㎝くらいまで成長することもある。薄青色の傘の四隅のそれぞれから15本の触手が垂れ下がっている(ほぼ透明な体にはかすかな白い模様があり、特定の角度から目を凝らすと、人間の頭蓋骨に見えることもある)。移動時には触手は長さ約15㎝に縮み、幅は5㎜まで太くなる。捕食の準備が整ったら、このクラゲは触手を緩め、後方へと3mにわたって刺胞の網を広げる。

p.85 | オーストラリア北部の海岸沖で撮影された、恐怖のオーストラリアウンバチクラゲ。

科	ネッタイアンドンクラゲ科(*Chirodropidae*)
分布	インド太平洋地域
生息域	温暖な表層域
食性	小魚を積極的に捕食する。
備考	刺傷に尿をかけるという治療法は都市伝説であり、症状を悪化させる。
サイズ	直径16㎝

カツオノエボシ *Physalia physalis*

刺胞動物

カツオノエボシは温暖な海に生息し、帆のような浮き輪で風をとらえながら海を航行する。この動物の名の由来は、水面を漂う湾曲した浮袋の形が、水平線から迫りくる猛々しい戦艦を昔の船乗りたちに想起させたことに由来する。この奇妙な群体のヒドロ虫綱に船乗りたちが注目したことは正しかった。世界最長の動物のひとつであり、水中にあるためほとんど目につかないが、引きずっている触手が30mに達するこのメガプランクトンの大きさは、世界最大のシロナガスクジラに匹敵するのだ。この長い触手は有毒で、刺されると強烈な痛みを生じる。人間を襲って命を奪った例も記録されているが、ごくまれである。

群体としての生活

カツオノエボシは、実際は単一の動物ではなく、管クラゲと呼ばれるポリプとメデューサで構成される群体である。群体の各メンバーは特定の体機能を担っている。上部には気体で満たされた細長い浮袋、つまりは気胞体があり、帆と浮き輪の役割を果たしている。下部には触手がある。これらはほとんどがポリプで、指状個虫(しじょうこちゅう)と呼ばれ、獲物を刺すことに特化している。獲物を刺すときは、刺胞という細胞から送り出される微細な銛のような針を使う。カツオノエボシの餌はほとんどが小魚だが、針で麻痺させて殺したものや、栄養個虫の元へ難なく引っぱり込めるほどに小さければ、なんでも食べる。栄養個虫とは触手のないポリプであり、酵素を分泌して外側にある餌を消化することができる。

群体の他の構造は、他の部分とは異なり、ポリプではなくメデューサからできたもので、生殖に関与する。そのひとつが生殖体であり、生殖細胞は、群体の性別に応じて精子か卵のどちらかが生成されるが、両方同時に生成されることはない。もうひとつの個虫(群体を構成する各個体)である泳鐘は運動機能をもつ。泳鐘は生殖体とともに群体主部から分離し、その他の群体の生殖体と交わる。繁殖は秋に行われる。1個体の幼生から新しいクローンが出芽し、成長していく群体となる。この発育のほとんどは海面よりも深い層で行われる。最後に形成される体の部位のひとつが気胞体で、一酸化炭素が注入されると群体は水面に浮上する。

p.87 | カツオノエボシの水上および水中の写真。この種は、紫とピンクの配色が特徴的である。

科	カツオノエボシ科（*Physaliidae*）
分布	世界中
生息域	暖かい海
食性	魚
備考	帆が左に膨らんでいるタイプと、右に膨らんでいるタイプがある。
サイズ	30m

アオムキミジンコ *Scapholeberis* sp.

甲殻類

甲殻類である鰓脚亜綱の主要な構成メンバーであるミジンコは、淡水域または汽水域に生息している。それにもかかわらずミジンコは、体内の余分な塩分を排出することで、海域の塩分にも耐えることができる。大河川から水が供給される沿岸域では、一年の特定の時期、特に晩夏に海洋メソプランクトンのかなりの部分を占めることがある。ミジンコは1㎥あたり10万匹に達する密度で群がることもあるのだ。

体長わずか1㎜のこの丸々とした小さな生きものは、一対の羽のような触角をオールとして使い、水中を上下に忙しく泳ぎまわる。その他の付属肢には6本の脚もあり、これで餌を捕らえる。ほとんどのミジンコは活発なハンターで、付属肢を使って数十ミクロンの餌を捕らえる。ここで紹介する種は、水の表面膜にいるマイクロプランクトンを摂餌することを得意とする。他にはより小さな餌を摂餌することに特化したミジンコもいる。

ミジンコの丸い体のもうひとつの印象的な特徴は、体の上部にある、大きなひとつ目だ。これは複眼で、動きを感知できるだけでなく、明暗を区別することもできる。ミジンコは目を使って鉛直移動のタイミングを計り、日光を避けるために潜行し、夜になると再び上昇する。比較的安全に餌を食べるために、暗闇を利用するのだ。近づいてくる捕食者を見つけると、とげのような尾を振って逃げることもできる。

海のアブラムシ

これらの動物の一般名である「ミジンコ」は、名前としておそらく適切だが、繁殖のシステムから考えると「ミズアブラムシ」と呼ぶほうがよいかもしれない。ほぼ一夜で庭を大群で占拠する、樹液を吸う虫が利用する方法を、この水生甲殻類も採用しているからだ。ミジンコは、個体数を増やして夏に餌料源を搾取するために単為生殖を行う。この場合、メスはオスと交尾しなくても大多数のメス個体を産める。右の写真の標本中に抱卵が見える。オスの子孫は数世代後にのみ生まれる。有性生殖で産まれた卵は休眠期に入ることが多く、冬の間は海底に沈んで過ごす。

p.89 | アオムキミジンコの光学顕微鏡写真。体内に卵が見える。

科	ミジンコ科（*Daphniidae*）
分布	世界中
生息域	淡水
食性	マイクロプランクトンを摂餌する。
備考	目はひとつだけ。
サイズ	1㎜

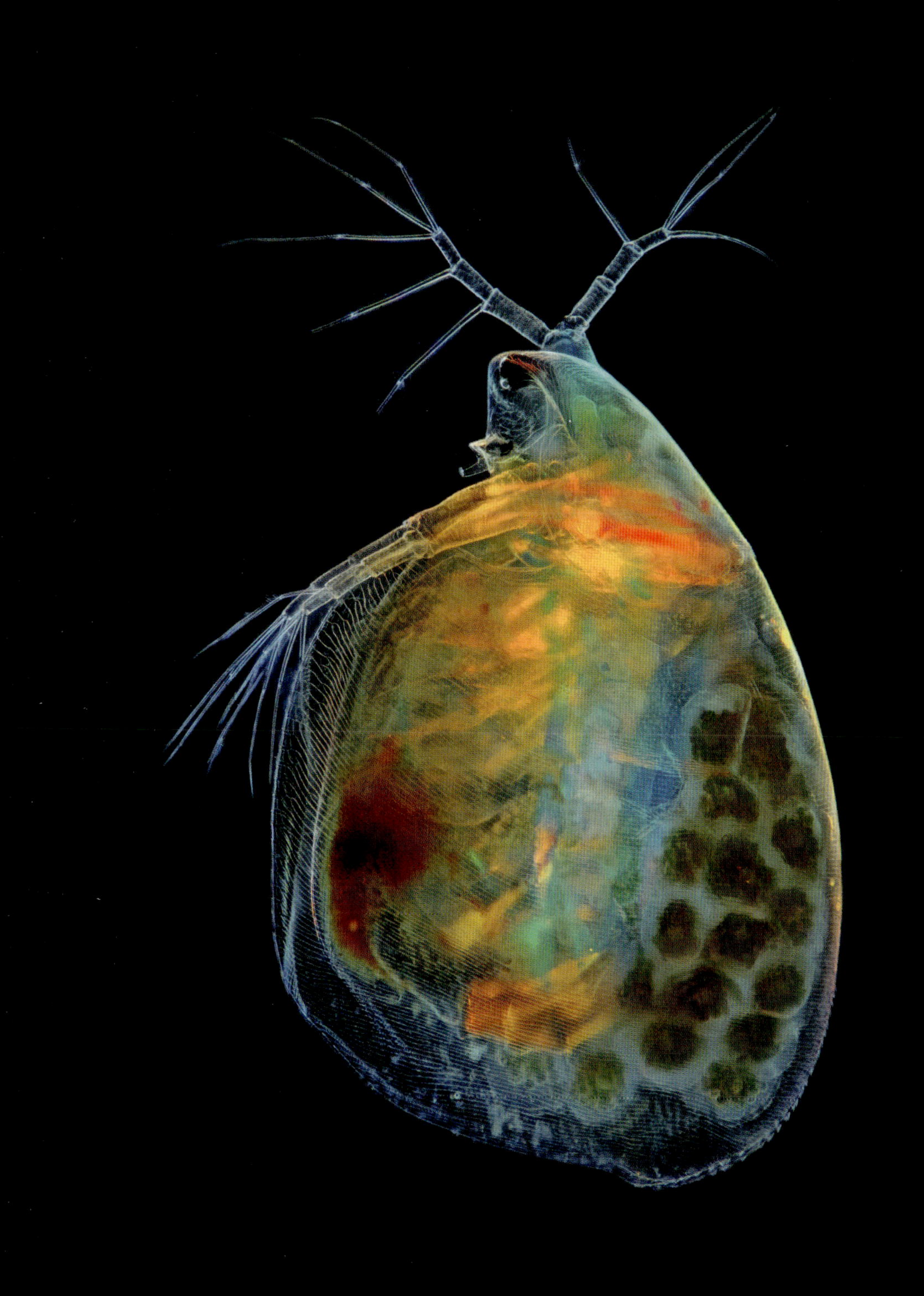

CHAPTER 3

FEEDING AND BREEDING

捕食と繁殖

本章では世界のプランクトン群集を二分する大きな生態について探る。最初の生態は「餌と摂餌」について、2つめは「性と繁殖」についてだ。前者については、すでによくご存じだろう。植物／動物プランクトンの区別は、これらの生物が体を構築、維持するために必要とする栄養素と、生命活動を維持するために使うエネルギーをどう調達するかに基づいている。その二大戦略として、独立栄養（autorophism）と従属栄養（heterophism）がある。トロフィズム（栄養主義）はギリシャ語で「栄養」を意味する言葉に由来している。おそらくそれよりもなじみ深いギリシャ語由来の接頭辞である「オート（auto）」と「ヘテロ（hetero）」はそれぞれ「自己」と「他」を意味する。植物プランクトンは、独立栄養生物だ。つまり、文字通り「自分自身で養うもの」である。その一方で動物プランクトンは従属栄養生物、つまりは「他の生物によって養われるもの」である。つまり動物プランクトンは餌をつくりだすことはなく、その他の生物、主には植物プランクトンの体を食べることで栄養を得るのだ。

第二の生態では、プランクトンの繁殖と生活環について探求する。終生プランクトンは、生活環のすべてをプランクトンとして過ごすが、一時生プランクトンは魚類、軟体動物、ウニ、ヒトデなど、より大きな生物の幼生として一時的にプランクトンとなるメンバーである。

PHYTOPLANKTON AND AUTOTROPHISM

植物プランクトンと独立栄養

すでに述べたように、植物プランクトンはすべてが独立栄養生物であり、光合成のひとつの形態を利用して生存している。それはつまり、太陽の力を使って水中の単純な物質から複雑な有機分子を構築するプロセスである。この驚くべきプロセスは、海洋と陸上の（ほぼ）すべての食物連鎖の起点であり、地球上の全生物のエネルギー源となっている。それに加えて、植物プランクトンの光合成作用は、大気中の酸素供給量の50％を供給している（残りの半分は森林の木など、陸上植物からである）。もしこれがなければ、地球上の生命はどうなっていたのであろう。そのひとつの答えはプランクトンにあるが、それについてはのちに詳しく説明する（p.95参照）。

炭素の固定

植物プランクトンは独立栄養生物のひとつで、特筆すべきは光合成独立栄養生物であることだ。これは明らかに、プロセスを駆動させるエネルギー源として光に依存することを意味している。このプロセスの基本的な用語は「炭素固定」である。これは独立栄養生物が、無機炭素源つまり二酸化炭素から、糖やタンパク質といった多くの炭素が結合した有機化合物を生成するプロセスをかなり古風に表現した用語だ。しかし化学合成独立栄養生物にも、このプロセスを行う能力がある。この場合、二酸化炭素が炭素の源であることに変わりはないが、こうした生物は太陽光の代わりに、化学的物質からプロセ

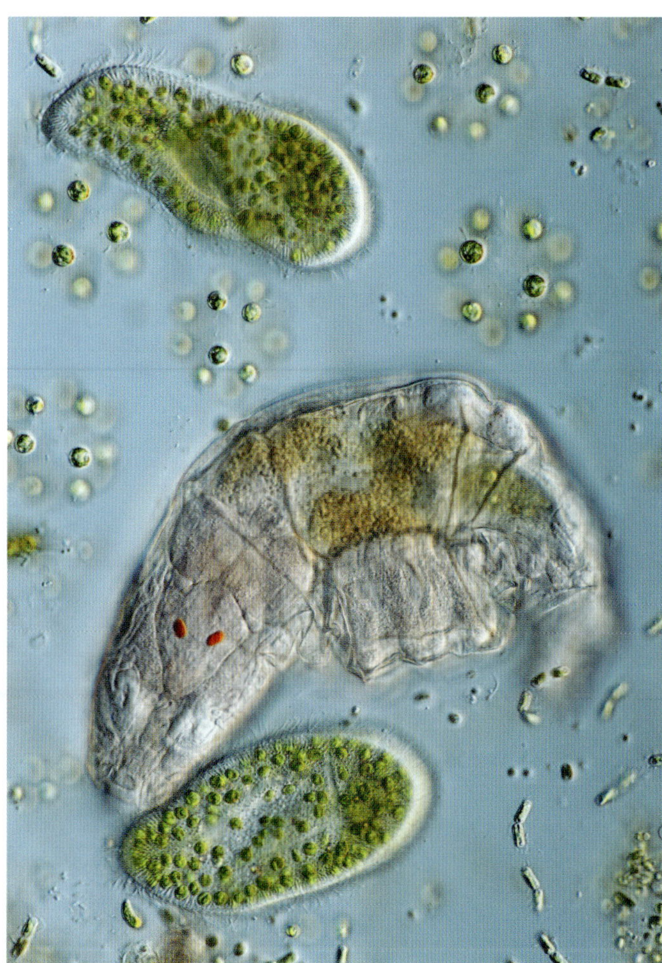

スを駆動するためのエネルギーを得る。

熱水噴出孔周辺の海水中のバクテリアは、化学合成独立栄養生物である。光がなく、酸素も少なく、その他の資源をめぐって競合する植物プランクトンもいないため、この海域ではバクテリアが繁殖しやすい。また、鉄、硫化物、アンモニアなどの無機化学物質が、水中に豊富に含まれている。バクテリアはこれらの化学物質の反応力を利用して炭素固定を促進するのだ。

p.92 | ミクラステリア（*Micrasterias*）は、興味深い左右対称性の淡水植物プランクトン。2つの「半細胞」は互いの鏡像であり、核のある狭い接続部で結合されている。

左上 | 深海で見られた巨大なハオリムシ（*Riftia pachyptila*）。熱水噴出孔の周辺に生息しており、水中の鉱物からエネルギーを抽出する共生バクテリアから栄養を得ている。

右上 | 藻類を食べるワムシの光学顕微鏡写真。この小動物の下に緑色の藻類が見える。

大酸化イベント

かつては、すべての独立栄養プランクトンが化学合成独立栄養生物だった。当時の生物圏は嫌気性、つまり水中にも空気中にも遊離酸素は存在しなかった。わたしたちが知る限り、太古の昔、すべての生命は、数十億年もの間、海に閉じ込められていた。海水に降り注ぐ日光も、生物活動を促すことはなかった。むしろ、破壊的な紫外線をもたらす危険な存在だったのだ。

しかし約35億年前、新しい生命形態が進化し、海洋を毎日照らす膨大な量のエネルギーを利用し始めた——現代のシアノバクテリアの祖先である。初の光合成独立栄養生物だったシアノバクテリアは、徐々に地球を変えていった。化学合成（光合成に似たプロセス）で生じる廃棄物は、水素ガスから鉄や硫黄の粒子まで、さまざまである。しかし、光合成は光を取り入れ、それを使って二酸化炭素と水分子を結合させてグルコースなどの糖をつくる。廃棄物は常に、純粋な酸素である。

これは驚くべきことであるが、今日ではそれほど突飛には聞こえない。しかし、光合成のプロセスが始まった当時は、確実に驚異的であった。遊離酸素は反応性の高い物質であり、結局のところ、火は、どんな場合でも酸素を使って燃える。酸素はまず、周囲の化学物質と反応した。最も注目すべきなのが溶存鉄の酸化で、不溶性の赤い酸化鉄が形成された。この物質は海底に沈み、おかげで水中の鉄が減少すると、プランクトンの活動も減退した。すると当時の堆積物は、プランクトンの死骸から成る、ケイ素を豊富に含む層へと変化した。その後、鉄濃度が戻ると（プランクトンが活発になって）光合成も再開され、新しい鉄の堆積層ができる。この過程で生成された縞模様の鉄鉱石は、現在も見ることができる（左ページ参照）。これは、プランクトンが放出した遊離酸素が鉱物に急速に吸収されたときに生じたものである。結局、こうした鉱物が枯渇するまでには10億年以上！ もかかるのだが、酸素が恒久的な構成要素となると、大気の化学組成は永久に変わってしまう。もちろん、酸素の量は変動していた。酸素は、人間の呼吸はもちろん、太古の昔から多くの生命が利用しているが、光合成によって常に、それよりも多くの量が補充されなければならない。現在、大気中の酸素レベルは約20%で平衡状態にある。酸素は、失われる速度と同じ速さで供給されているのだ。

進化の歴史という観点から見れば、この大酸化イベントは、まさに奇跡に他ならない。原始的な植物プランクトンが生物圏に新たな生命を吹き込み、あらゆる種類の生物を育む世界をつくりだしたのだ。今考えても、驚嘆すべき出来事である。しかしこれにより、地球史上最大の大量絶滅が起こった可能性もある。化学合成独立栄養生物は無酸素環境（酸素の需要が供給を超えていることから、酸素が枯渇した水域）に適応していたため、反応性の酸素は、これらの生物にとっては毒以外のなにものでもなく、こうした原始的な微生物で生き残れたものは、ほんの一握りであった。新たに進化した好気性生物、つまり酸素呼吸者にとってすらも過酷な生息地だったのだ。この酸化における生存者は、現在では地下深くの湛水岩石、温泉、そして、厚みがありすぎて酸素が浸透できない泥に見ることができる。

p.94 | この縞状鉄鉱石層は、地球の大気が酸素の豊富な状態へと移行した約20億年前に堆積したものである。

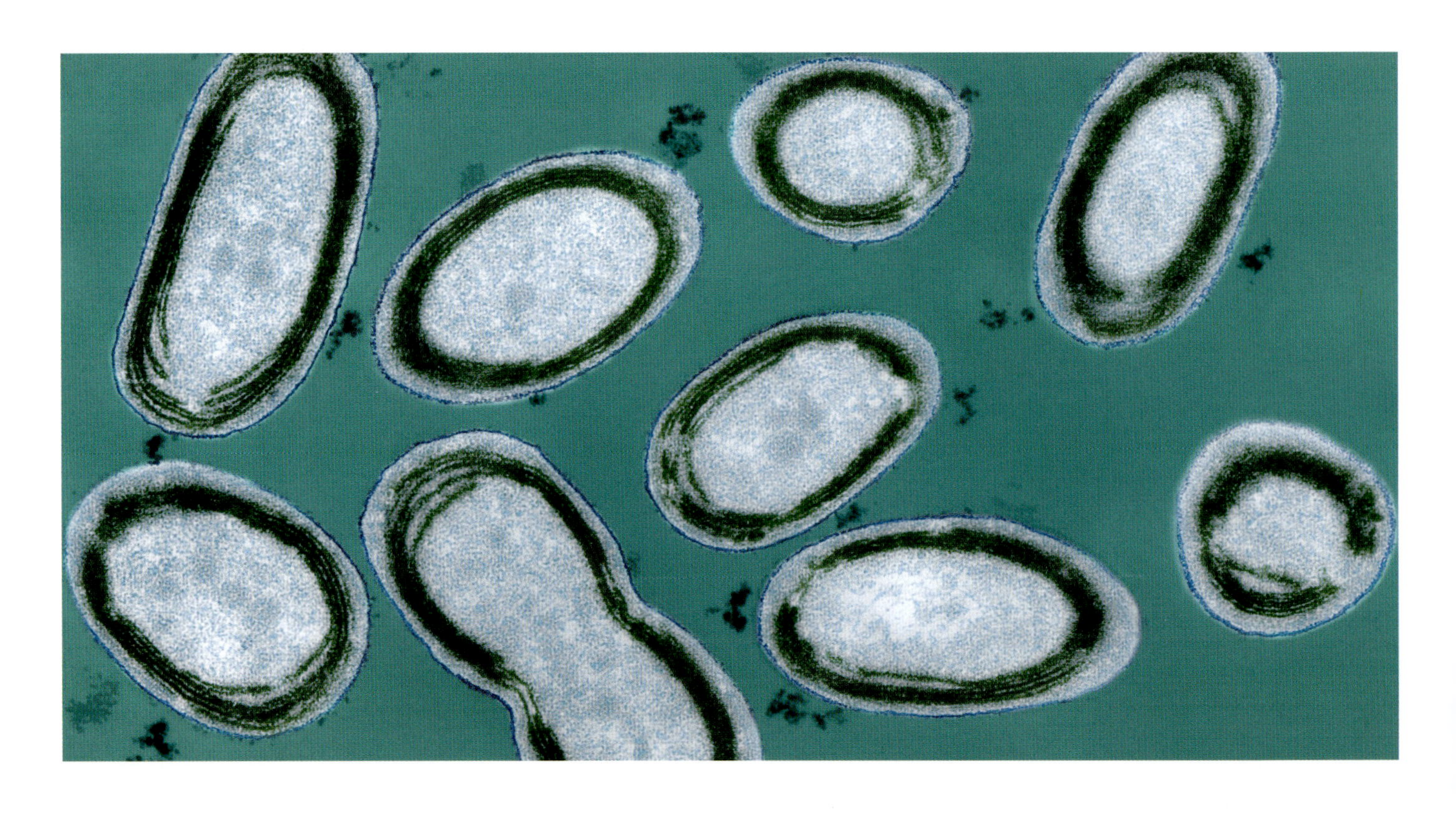

一次生産

シアノバクテリアは、そのシアン色に近い青緑色が名の由来で、現在でも海洋に圧倒的な数で生息している。実際のところ、プロクロロコッカス属(*Prochlorococcus*)のバクテリアは地球上で最も数の多い生物であり、推定で千秭(じょ)(オクティリオン)存在するとされている(千秭は10の27乗)。これらの生物は、その他の植物プランクトンとともに、炭素固定の副産物として世界の酸素供給量の半分を生成している。この炭素の固定もしくは収穫は一次生産とも呼ばれ、現在、すべての生命の基盤となっている。

一次生産とは、利用可能なエネルギーが生物圏に入ることを指す。光を使って、多用途で貯蔵しやすい燃料であるグルコース分子を合成するのだ。一連の化学反応は複雑だが、大きく2段階に分けられる。明反応(光に依存する)と暗反応(光には依存しないが、暗闇でのみ起こるわけではない)である。

光の利用

明反応は、細胞内の膜に結合している色素化学物質のクロロフィル(葉緑素)で起こる(珪藻類や渦鞭毛藻類などの真核植物プランクトンでは、このすべてが細胞内小器官内である葉緑体で起こる)。光合成生物が全体的に緑色をしている主な原因はこのクロロフィルにある。構造的には、赤血球内で酸素を吸収するヘモグロビンに近い化学物質である。ヘモグロビンは、中心にある鉄イオンのせいで赤色だが、クロロフィルの緑色はマグネシウム・イオンによるものである。

しかし、この活気あふれる色には別の見方もある。クロロフィル分子のペアは、2つの異なる反応核を形成する。ひとつは青色光によって活性化され、もうひとつは赤色光を利用するのだ。緑色は使用されず、単に跳ね返され、不要な成分として反射する。一方、クロロフィルでは、補足された光エネルギーは、水を水素イオンと酸素イオンに分解するために利用される。酸素は細胞の内部に過度の化学的ダメージを与える前に排出され、水素も非常に反応性が高いため、暗反応に引き渡されて最終段階へと至る。

光は不要

いわゆる暗反応には、知られざる化学的ヒーローがいる。クロロフィルが明反応に利用された光(そして反射された緑光)を浴びているときに、すべての作業をこなす分子である。この化学物質があまり知られていない理由はおそらく、リブロース-1,5-ビスリン酸カルボキシラーゼ/オキシゲナーゼという、その名のせいかもしれない。とはいえ生化学者たちは、それを簡潔に「ルビスコ(rubisco)」と略した。ルビスコの仕事は、植物プランクトンだけでなく、海洋における、その他のすべての生物の餌となるグルコース分子を実際に構築することである。これは、段階的に制御された方式(カルビン回路と呼ばれる経路)で、遊離水素と二酸化炭素を反応させることにより行われる。しかし、ルビスコは矛盾した性質をもっており、正常に反応させるのと同じように酸素を使ってグルコースを二酸化炭素と水に分解してしまうことがある。この問題を解決するために、シアノバクテリアは二酸化炭素を詰め込んだ袋状の構造であるカルボキシソームを進化させた。この原料(二酸化炭素)を濃縮することで酸素を干渉できなくさせ、おかげでルビスコが正常に機能し、グルコースを構築するようになるのである。

p.96 | プロクロロコッカス・シアノバクテリアの断面のカラー透過型電子顕微鏡写真。

下 | 光合成中に葉緑体で行われる代謝経路の図解。

光合成中の葉緑体の代謝経路

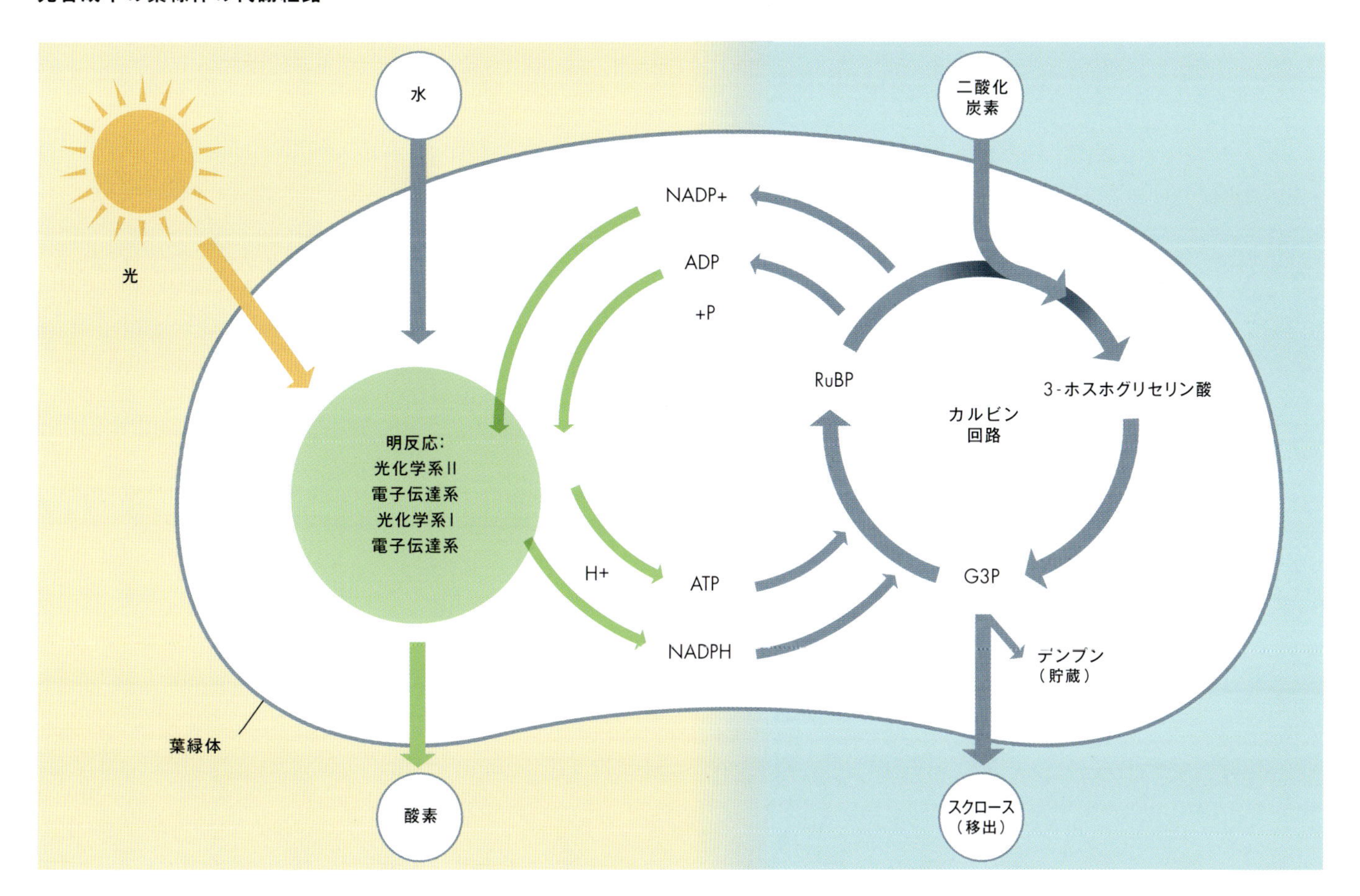

ZOOPLANKTON AND HETEROTROPHISM

動物プランクトンと従属栄養性

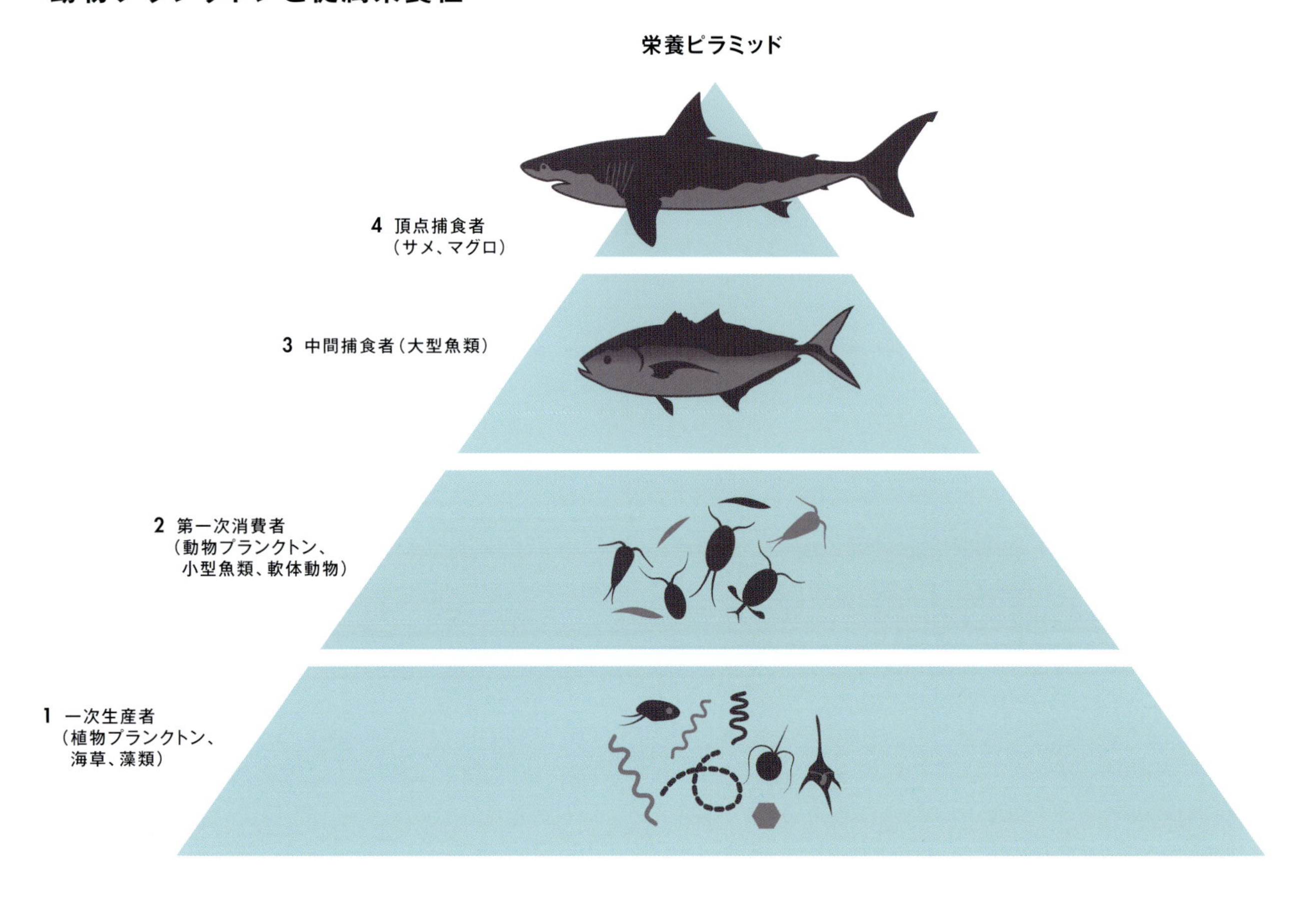

食物連鎖と食物網（生態系内の食物連鎖の関係を総合的に表したもの）の概念はよく知られており、海洋でも、陸上と同様に成り立っている。陸上の例として典型的なのは、レイヨウが草を食べ、ライオンがレイヨウを食べるのと同様に、海では動物プランクトンが植物プランクトンを食べ、その動物プランクトンを魚類が食べる。

この文脈では、植物プランクトンは生産者となる。なぜなら、すでに述べたように、植物プランクトンは生物が利用可能なエネルギー源をつくりだすからである。動物プランクトンは連鎖における次のリンクに登場し、一次消費者となる。その後に消費者のリンクが続く。二次消費者である、プランクトン食性魚類が続き、その魚類が、三次消費者である、より大きな魚類に食べられる。最終的に食物連鎖は、サメ、マッコウクジラ、シャチなどの頂点捕食者に到達する。

ピラミッド

最大の捕食者は、別名「頂点捕食者」と呼ばれる。これは栄養生態学を理解するためのもうひとつのアプローチであり、海洋生物群集に驚くべき結果をもたらすことがある。このアプローチは食物網を栄養ピラミッドとして視覚化するもので、頂点捕食者が頂点、つまりは小さく尖った最上部を占める。このピラミッドは、各層に含まれる化学エネルギーを表現する手段として効果的だ。

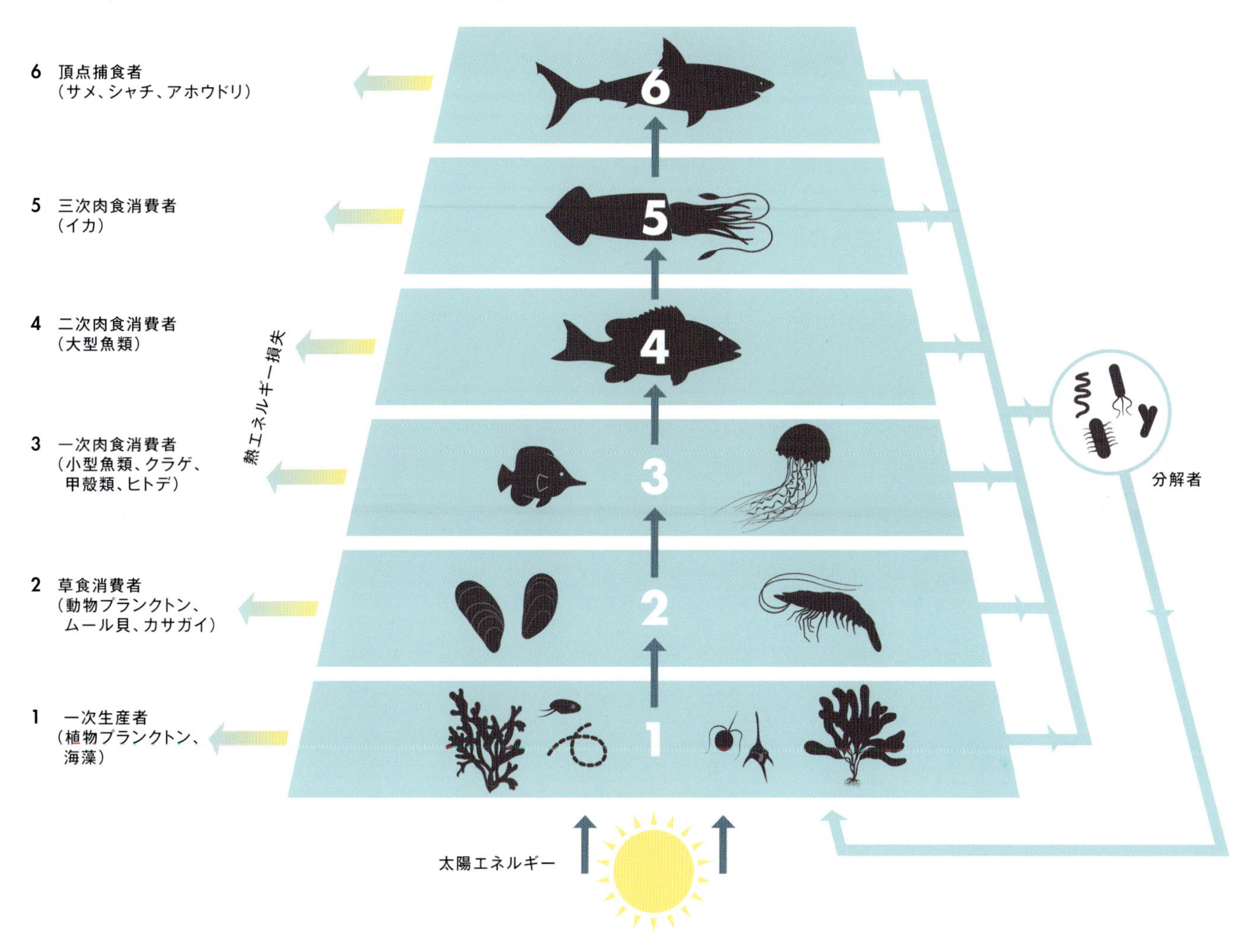

一次生産者はピラミッド底部に最大の層をつくる。層が上がるにつれて消費者が占めるスペースは小さくなっていく。一般則として、各層で捕獲されたエネルギーのうち、次の層に伝達されるものは約10％にすぎない。残りの約90％は熱または廃棄物として失われる。海の場合、この廃棄物は「マリンスノー」という、水中に沈む有機物の絶え間ないシャワーのような現象としても見られる。このエネルギーの減少はピラミッドの上層まで続き、頂点に到達するエネルギーはごくわずかだ。利用可能なエネルギー量が少ないことから、海の（あるいは陸上でも）頂点捕食者の数は限られていく。

マリンスノー

有光層より下では、一次生産は行われない。とはいえ、食物連鎖から切り離されているわけではない。このような深海に生息するプランクトンはマリンスノーに依存するのだ。マリンスノーとは、糞や、あ

p.98｜栄養段階と呼ばれる消費者の階層で整理された食物網。

上｜食物網におけるエネルギーの流れを示す図解。エネルギーはまず一次生産者が利用し、消滅しないうちに各栄養段階を経て上昇する。

らゆるサイズの死骸などの有機物が、太陽光が届く生産的な表層から下層に落下したものだ。回遊動物をのぞけば、深海に生息する動物プランクトンやバクテリアにとって、マリンスノーが唯一の食料源となる。よって、この消費者グループは栄養ピラミッドの外側に位置することになり、「廃棄物を食べるもの」を意味する「デトリタス食者（detritrores）」と呼ばれている。貝虫類（*Ostracoda*）は重要なデトリタス食者である。海洋のデトリタス食者にとっての最大の収穫は、海底に沈んだ巨大なナガスクジラ（ヒゲクジラ）などの死骸をとりまく環境である鯨骨生物群集（ホエールフォール）だ。その死骸ひとつあれば、深海生物群集は、マリンスノーの2千年分に相当する量を得ることができるのだ。

上｜貝虫甲殻類が英語で「タネエビ（seed shrimp）」というニックネームで呼ばれる理由は、この写真を見れば明かだ。

右｜デビッドソン海山で見られたホエールフォール。

p.101｜生物由来の炭素は海底に流れ込み、そこで長期にわたり炭素吸収源として隔離される。

炭素ポンプ

マリンスノーのすべてがデトリタス食者に食べられるわけではない。一部は食べられることなく海底に沈殿し、そこで、炭素ポンプと呼ばれる現象の一環として沈殿物に取り込まれる。この重要なプロセスは、生物由来の炭素などの物質を食物連鎖から排除して海底に堆積させ、最終的には岩石や石油貯留層として利用される。このプロセスはゆっくりだが着実に進む。毎年、約9億トンの物質が海底に到達する。これは海洋生物の総バイオマスの7%に相当する。この物質は微粒子として到達し、軟泥と呼ばれる海洋堆積物になる。炭素ポンプが厚み1mの軟泥を追加するには約16万年かかる。炭素ポンプ（詳細はp.158参照）は 海洋学者や気候学者にとって、かなり興味深いテーマである。広範な炭素循環の一部を形成し、炭素が生物圏から除去され、長期的な貯蔵場所へと移動する手段でもあるからだ。海洋が温暖化して海洋生態系が乱れるとこのポンプがどう挙動するようになるのかは、人類が原因の気候変動による影響を理解するうえで重要な要素となる（詳細はp.192参照）。

炭素ポンプの経路

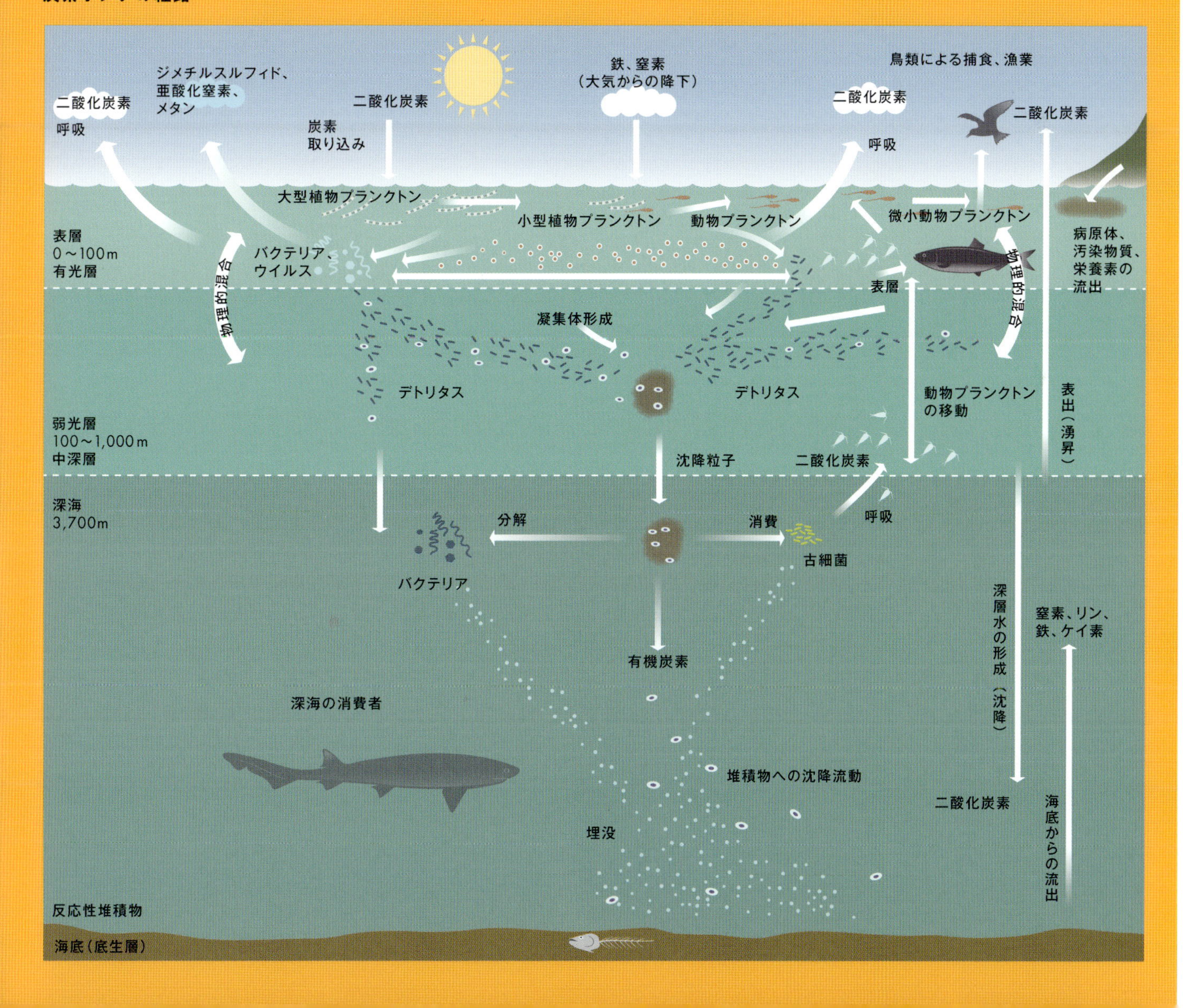

バイオマス・ピラミッド

海洋食物連鎖がエネルギーではなくバイオマスで構成されていると、奇妙なことが生じる。陸上では、草、レイヨウ、ライオンなど、各栄養層のバイオマスは、エネルギー・ピラミッドで対応する栄養段階のサイズとおおむね一致する。いうまでもなく陸上では、ライオンよりも植物のほうがはるかに数が多い。ある意味、逆説的に、海洋の状況はそれとは逆なのだ。海洋従属栄養生物のバイオマスは推定5Gt（ギガトン）だが、ほとんどが植物プランクトンである海洋独立栄養生物のバイオマスはわずか1Gtである。

このデータは海洋食物連鎖のバイオマス・ピラミッドが逆転しており、植物プランクトンが動物プランクトンに対して軽量であることを示している。しかし、海洋バイオマスのほとんどは単細胞であり、総バイオマスに占める多細胞の消費者の割合は3分の1（2Gt）だ。つまり残りの3Gtは、とても短命な一生を送る単細胞の動物プランクトンが占めることになる。

このような状況は、海洋食物網の脆弱性を浮き彫りにしている。植物プランクトンは条件が整うと急速に増殖するが、その個体数は動物プランクトンの摂餌圧と、栄養塩供給によって制限されるのだ。

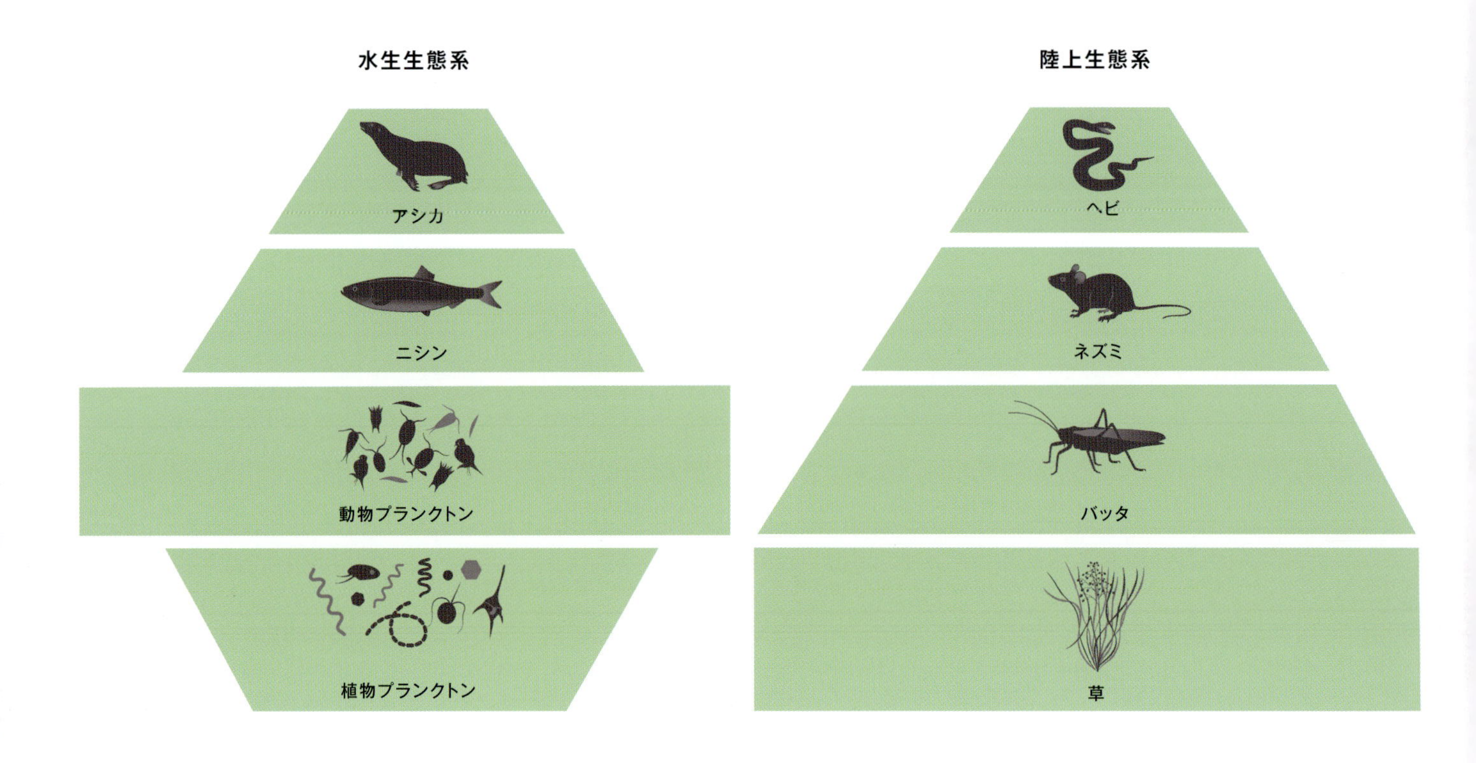

左上＆右上｜海洋および陸上生態系のバイオマス・ピラミッド。

p.103 左｜繊毛虫のミドリゾウリムシ（*Paramecium bursari*）には共生する緑藻がいる。

p.103 右｜ユープロテス属（*Euplotes*）淡水繊毛虫の光学顕微鏡写真。

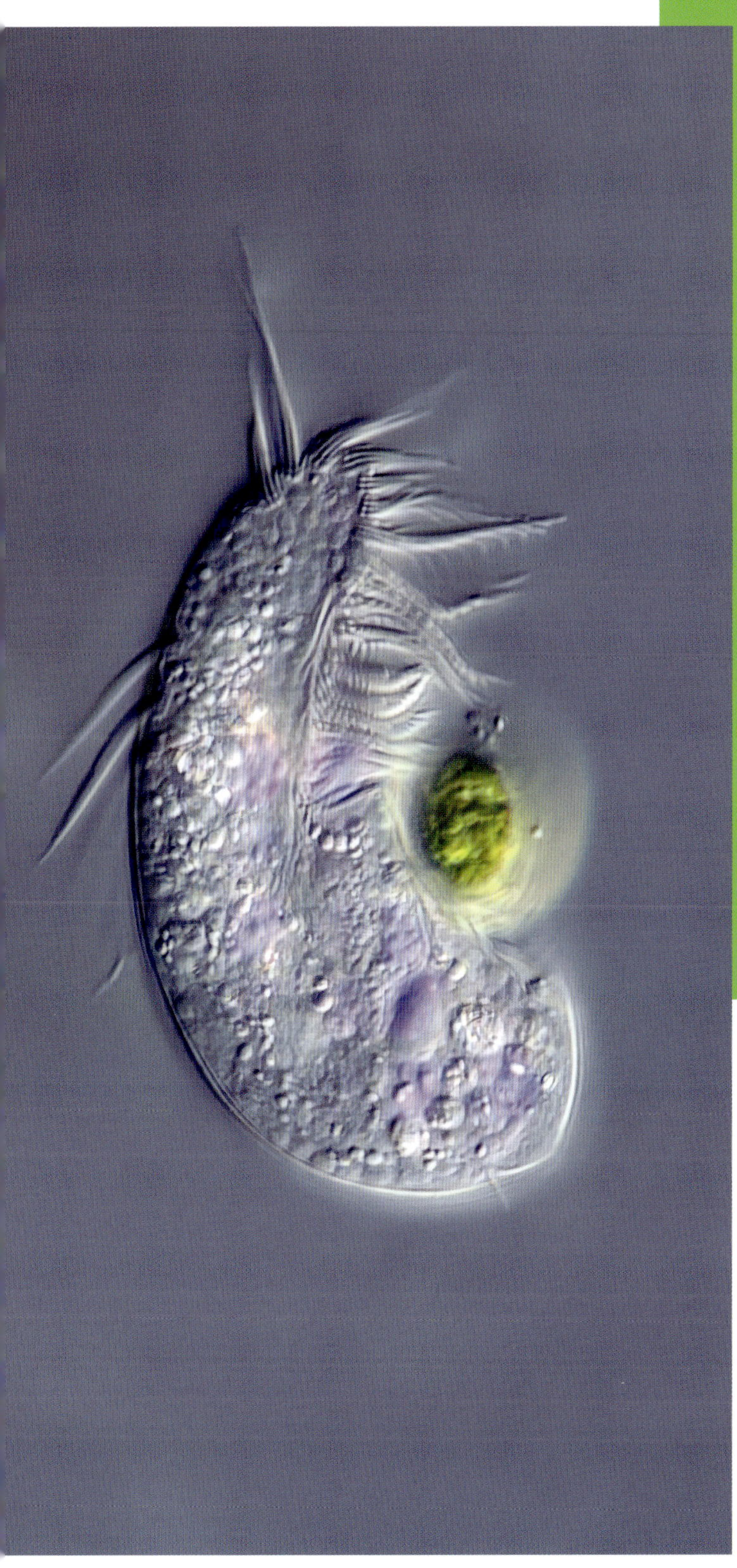

混合栄養生物

独立栄養と従属栄養という2つの主要な栄養戦略には重複する部分があり、そのせいで、プランクトン群におけるこれら異なる種類の豊富さにより、状況が不明瞭になる（時には文字通り、水が濁る）ことがある。独立栄養と従属栄養の両方を利用する生物のことを混合栄養生物という。その大部分は原生生物であり、通常、この仕組みにおいては光合成が圧倒的に重要だ。しかし原生生物は、細胞膜で餌粒子を包み込むか（食作用と呼ばれるプロセス）、細胞の外側にある口のような穴に餌を引きよせることにより、餌粒子を摂取することもできる。その特に顕著な例としては繊毛虫が挙げられるが、これらは一般的には動物プランクトンと見なされている。繊毛虫には、より小さな独立栄養原生生物を消費するときに、餌の葉緑体を保持するものもいる。葉緑体は真核細胞における光合成の場であり、この繊毛虫はそれを奪い取ることで内部からのエネルギー供給を得られるのだ。この現象は細胞内共生の一形態であり、複雑な細胞と生命それぞれの起源に関する理解を深めるものである（第1章 p.14参照）。

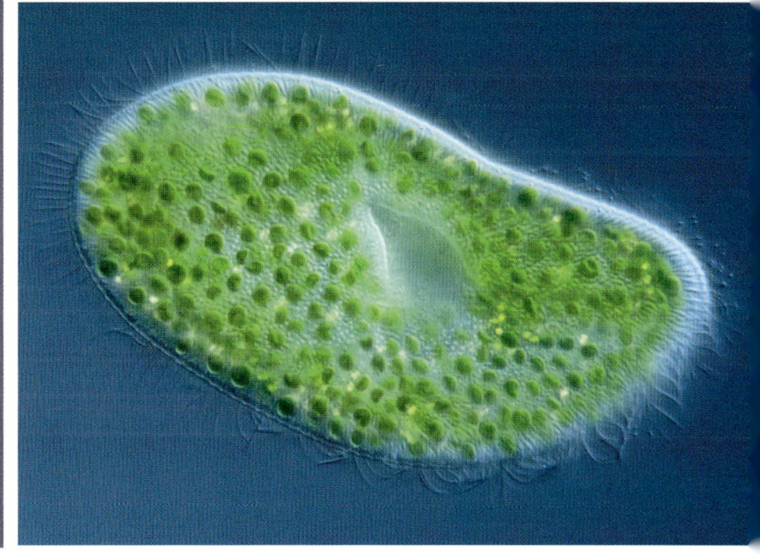

GRAZERS AND PREDATORS 草食動物と捕食動物

ほとんどの動物プランクトンの生活は厳しく、栄養ピラミッドの下層部では見返りもほとんどない。動物プランクトンは常に餌を探しているが、海では餌が希薄なため、かなりの労力を要する。餌が見つかったとしても、栄養価もあまりないため、餌を探し続けるのである。

海の草食動物

海洋では生態系が著しく異なるにもかかわらず、生物がどのように捕食するかの説明で使われる用語のひとつは、陸上の領域から来ている。動物プランクトンの大部分は、食用の草があるわけではないにもかかわらず、草食動物（グレーザー）と呼ばれている。この用語は明らかに広範な意味をもっている。草食動物とは、餌に囲まれている生物のことである。個々の餌の供給をコントロールすることや、なにを食べるか、いつ新しい草地に移るかを決めたりすることは不可能だ。また、草を食べる動物を指す言葉ではあるが、移動する道すがら植物プランクトンを食べ続けるカイアシ類、オキアミ、カニの幼生、原生動物などもこれに当てはまる。その多くは、さまざまな方法で水から食物をこし取るろ過食者である。こうした細かいことを気にしない摂食者たちは、その過程で廃棄物や、その他の動物プランクトンも食べてしまうのだ。

プランクトンの捕食者

動物プランクトンの中にはクラゲやヒドロ虫など、刺胞のある触手で獲物を能動的に捕らえる捕食者もいる。しかし動物プランクトン、特にメソプランクトン以上の大きさのものは、自由遊泳する動物に食べられる可能性が高い。プランクトンを食べることで生存するにはスケールメリットが必要だ。プランクトンはほとんどが水でできている

ので、栄養濃度は必ずしも高くない。生き残るために、動物は最小限のエネルギーで大量のプランクトンを捕食する必要があるのだ。それはつまり、大型化を意味する。地球上で最も大きな動物がプランクトン食性であることは、そう驚くことではない。魚類の世界3大種はサメだが、それらは歯で肉を切り裂いたり、血や内臓を食べたりすることはない。この3種、ジンベイザメ、ウバザメ、メガマウスザメは、プランクトンをろ過しながら水中を泳ぎまわるのだ。同様に、地球上で最も大きな動物は、プランクトンを食べるヒゲクジラで、巨大な口いっぱいに水を飲み込むことで捕食する。水はその後に柔軟な剛毛のフィルター（実際には爪や毛髪と同じ素材でできている）を通して排出され、固形物はふるいにかけられる。シロナガスクジラ、イワシクジラ、セミクジラなどの大型哺乳類は、主にオキアミなどのメソプランクトンおよびマクロプランクトンの群れを狙うが、途中で獲得できるものはなんでも食べる。

p.104 | オイコプレウラ・ラブラドレンシス（*Oikopleura labradorensis*）に属する尾虫類の粘液質なハウス。

左下・上 | アオウミガメ（*Chelonia mydas*）は、クラゲの個体数を抑制することで、海洋生態系において重要な役割を果たしている。

左下・下 | 口いっぱいに水と餌をほおばるシロナガスクジラ（*Balaenoptera musculus*）。

右下 | スコットランドのコル島付近の表層水からプランクトンをろ過するために口を大きく開けて泳ぐウバザメ（*Cetorhinus maximus*）。

PLANKTON LIFE CYCLES プランクトンの生活環

プランクトンの種類は、その生活環における、水柱を漂いながら過ごす時間の長さによって分類される。終生プランクトンは完全に漂流しながら、生涯を水柱で過ごす。そのため、種の数とバイオマスの点で、より大きなグループを形成する。すべての植物プランクトンがこのグループに属するが、オキアミやカイアシ類といった最も個体数の多い動物プランクトンも、純粋にプランクトンとして生活し、水柱を漂いながらすべての成長段階を経る。

しかし、無視できない割合の動物プランクトンが、一生のうちの一部の時期を水柱で過ごす。これらは一時生プランクトンと呼ばれる。仔魚が浮遊生活を送り、その後、自由に遊泳する魚類となって、ネクトンに加わるのが最も一般的な経路だ。もうひとつの経路はロブスターなどの甲殻類、ウニなどの棘皮動物、イソギンチャクなどの刺胞動物をはじめとする多くの底生動物（生涯の大半を海底で過ごす動物）の生活環である。これらはすべて、幼生期には浮遊生活を送り、十分に大きくなって初めて海底に定着し、底生期に入る。これとは対照的にクラゲや同様のヒドロ虫類は、幼生期を海底に固定された状態で過ごし、複雑な生活環を完了するために水柱を漂う生活を送る。

繁殖システム

プランクトンが摂餌から唯一遠のく活動は、繁殖である。生態学者は、生物によって繁殖戦略が異なる理由を明らかにするために、rあるいはK選択と呼ばれる概念を用いる。その基本的な考えかたは、生物が量を採るのか、それとも質を採るか、ということだ。前者は「r-選択」と呼ばれているもので「r」は「率（rate）」を意味する。この場合、生物は子孫を高確率で生みだすことにエネルギーを注ぎ、高ければ高いほどよいとされる。その代償として、その幼生のほとんどは、繁殖に至るまでは生存できない。これに代わるものとして、「K-選択」がある（Kはドイツ語で「収容量（kapazität）」を意味する）。このアプローチでは、種の老齢個体が死亡したら、その個体を補充するだけの繁殖率に低く抑えられるとする。そのため、生息域で提供される栄養量や生活空間が維持されるよう、個体群はその最大収容量で安定する。「r-選択」の生物は、常にこの収容量を超える。「K-選択」の代償は、子孫が生き残るために、親の多大な世話が必要になることである。

多くのプランクトンが「r-選択」の繁殖戦略を採用する理由は明らかだ。世代の期間が短く、海洋の生息域が広大であるため、幼生を育てるのに十分な環境をコントロールすることは期待できないのだ。もちろん例外もある。アミ類、および一部の端脚類とカイアシ類は、成長のごく初期段階で幼生を袋の中に保持する（p.122参照）。それでも、急速に繁殖しなければならないというプレッシャーから、甲殻類の幼生はまだごく小さいうちに水中に放出される。

p.107 | メスのオオタルマワシ（*Phronima amphipod*）が、サルパの死骸で巣をつくっている。

下 | 交尾中の海生カイアシ類のペア。

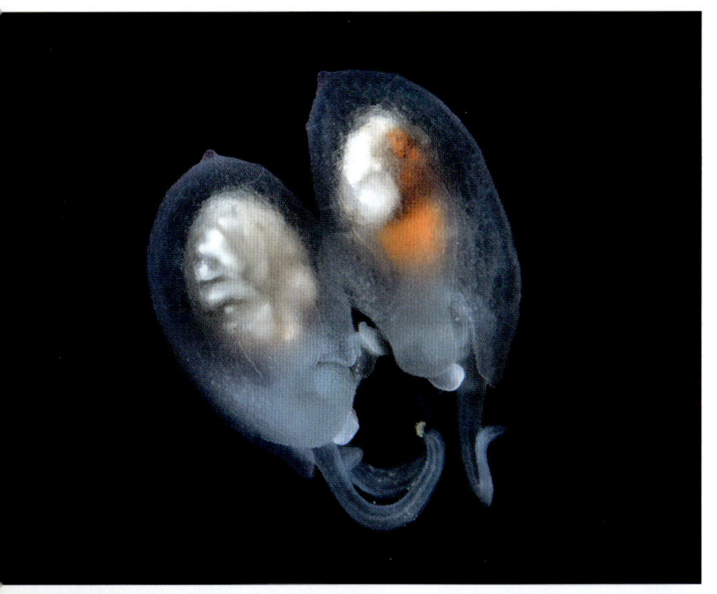

有性生殖か無性生殖か？

もうひとつの考慮すべき点は、プランクトンが繁殖するときに有性生殖するか、無性生殖するかである。有性生殖では、両親が生殖細胞を提供することが必要で、それらがひとつの細胞に融合して新しい個体となる。その新しい個体は、それぞれの親から半分ずつ受け継いだ独自の遺伝子構成をもつ。この遺伝的多様性が、絶えず変化する環境に耐える助けとなる。問題は、このプロセスを完了するまでに親どうしが長時間一緒にいなければならないこと。これは自らの位置や軌道を制御できない生物にとっては困難なのだ。

カイアシ類は、オスもメスも簡単に交尾相手を見つけられる密集した環境に生息している。オキアミはカイアシ類と同様に、精子を卵に届けるための特殊な手足のような付属肢をもっている。

クリオネのような浮遊性軟体動物の中には、同時雌雄胴体、つまりオスとメスの両方の生殖器をもつものもある。この浮遊性巻貝が自らの卵を受精させる可能性は低く、交尾相手と生殖細胞を相互に交換する。さまざまな縞模様の浮遊性ワームも雌雄同体である。

一方、浮遊幼生の段階を経る一部の巻貝は産卵に依存している。未受精卵が水中に放出されると、一部が標的に当たることを期待してそれらの上に精子が噴射されるのだ。この活動は月の満ち欠けと同期していることが多い。産卵は魚類における繁殖の一般的な特徴であり、結果として受精卵が体内で胚を発育させ、孵化したらプランクトンになる。

クラゲやこれに類する生物は、両方の方法をうまく利用している。大群になって精子や卵を水中に撒き散らすこともある。一方で、もう少し直接的な行動を取るものもおり、オスが触手を使って精子の塊を別の個体の体腔に移し、そこで卵を受精させる。

p.108 | フィリピンのバタンガス海洋保護区で見られたクマノミの群れのクローズアップ写真。

上 | 交尾中のマメツブハダカカメガイ（*Hydromyles globulosa*）のペア。クリオネは海洋に生息するウミウシである。

下 | 北日本近くで産み落とされたホテイウオ（*Aptocyclus ventricosus*）の卵。中に胚が見える。

無性成長

最も速い繁殖方法は、クローン、つまり遺伝的に同一の子孫を生みだすことだ。この方法なら生物は、条件が整えばいつでも繁殖することができる。その結果、プランクトン1匹が無性生殖で海全体に広がることも可能になる。しかし遺伝的欠陥により、その個体群が一挙に絶滅するリスクも伴う。個体間の変異が最小限であるため、病気や捕食者の侵入など、新たな脅威に対する自然な防御が働かないのだ。それにもかかわらず、ほとんどの植物プランクトンと単細胞動物プランクトンが無性生殖に依存し、数を急速に増やすことで、良好な生育条件を最大限に活用している。しかし、これらの生物は、将来の世代の遺伝子構成を多様化する手段として、有性生殖期も生活環の一部に取り入れている。

無性生殖には3形態ある。第一の形態は、最も複雑な単為生殖である。これは、有性生殖向けに進化した体の仕組みが、大量生殖のために再利用されるものだ。プランクトンでは比較的稀だが、ワムシやコケムシの生活環でよく見られる。

無性プランクトンは、出芽と二分裂を利用するのがより一般的である。前者では、成体のミニチュア版が付属物として発達し、それが分離すると独立した個体としての生活を開始する。これは、一時生プランクトンであるヒドロ虫の一部が行う繁殖方法である。海底には、幼体をたびたび出芽し、運よく捕食や病気などによる死から逃れて何百万年も生き延びてきたヒドロ虫類がいる可能性もある。単細胞プランクトンは二分裂する可能性が高い。二分裂とは、単純に2つに分裂することだが、瞬く間に植物プランクトンの個体数の大量発生(ブルームとして知られる)につながる方法だ。

ブルーム

プランクトンブルーム(時には藻類ブルームと誤って呼ばれることもある)はすばらしい景観を見せることもあるが、数日から数か月間継続して望ましくない状態を引き起こすこともある。ブルームとは、渦鞭毛藻類や珪藻類(通常は海域に生息)やシアノバクテリア(一般的には淡水域)などの植物プランクトンが増殖し、視認可能になるまでに急速に大量発生し、蓄積することをいう。大量発生により水が茶、緑、さらには赤色に染まることもある。表面の厚い層が光を遮断し、深層へと届かなくするため、ブルームは重大な問題を引き起こす。また、水中の酸素を使用するため、その下にいる生物にも害をなす。

藻類の大規模なブルームは、水柱の成層化に長い日照時間が組み合わさったときなど、急速な成長に適した環境条件が整うとすぐに発生する。リンや窒素などの栄養塩の流入によって引き起こされることもある。これらの栄養塩は、深層水から物質を運ぶ季節的な湧昇によってもたらされると見られているが、多くの場合、過剰な栄養塩は人間の活動が原因となっている。例えば、下水の流出や肥料が海に流れ込む農薬汚染によって、プランクトンの成長を促進するのだ。ブルームが海洋の食物連鎖に及ぼす壊滅的な影響についてはp.164で詳述している。

左上 | 海洋シアノバクテリアのスイゼンジノリ属(*Aphanothece*)の円筒形細胞が粘液に埋め込まれている。

p.111 | 渦巻く緑色の植物プランクトンのブルーム。バルト海の最東端にあるフィンランド湾で見られたもの。

マンボウ *Mola mola*

魚類

体重が2tを超え、縦に伸びたヒレが約3.3mと長いマンボウは、世界最大の魚類のひとつである。実際、これより大きくなるのは軟骨性の骨格をもつサメぐらいだ。マンボウは高さと長さがほぼ同じで、サイズも重量も世界最大の硬骨魚類だ。マンボウの英語名（Oceanic sunfish）は、この丸みを帯びた巨魚が熱帯の海面で日光浴をするようすから付けられた。この大きな魚類は、遊泳力が弱く、周辺にある餌をゆっくりと着実に食す捕食者である。小さな雑魚やネクトン（遊泳生物）や、海底の海藻や貝類を食べることが報告されているほか、そのゆっくりとした追跡から逃れられないサルパやクラゲも好んで食べる。マンボウは、成長期には遊泳生物だが、発育段階では、その他の多くの魚種と同様に浮遊性である。

放卵型産卵

マンボウの繁殖戦略は、動物界でも最もr-選択的なもののひとつだ。マンボウは「放卵型産卵」と呼ばれるプロセスで繁殖し、たっぷりと産卵する。メスは3億個もの卵を水中に放出するのだが、これは魚類の中でもとりわけ多い。オスは卵が受精するように、精子を含んだ液体である魚精を卵の近くに放出する。この卵の大多数は無駄になり、受精に成功したとしても、成体になれるものはごくわずかである。卵は非常に小さく、浮力がある。仔魚の成長が促進されるように、水温が高くなる頃に産卵がセットされている。条件が整えば、卵は約24時間後に孵化し、小さな仔魚（体長約2.5㎜）が生まれる。

仔魚は数か月間をプランクトンとして過ごすが、流れにさらされると危険から逃げることはできない。仔魚はすでに、丸みを帯びた成魚と同様の体型をしているが、尾ビレは一般的な魚よりはるかに小さい。仔魚には、成魚に見られる高さのある背びれと腹びれの代わりに、保護用の棘が生えており、横から見ると、まるで小さな保安官バッジのようである。この小さな仔魚は、より小さなプランクトンを食べて急速に成長する。数か月後には体長が15㎝になり、成魚によく似た姿になる。このサイズになれば、より成熟した、浮遊性ではない生活様式に移行可能になる。

科	マンボウ科（*Molidae*）
分布	世界中
生息域	熱帯域および温帯域
食性	魚、イカ、クラゲ、サルパ
備考	幼体と成体のサイズ差が最大の脊椎動物。
サイズ	2.5㎜

p.113 | 生き残りの可能性を探りながら海を浮遊するマンボウ。

プセウドニッチア属 *Pseudo-nitzschia australis*

珪藻類

Pseudo-nitzschia australis(プセウドニッチア・アウストラリス)は船形または羽状の珪藻の一種で、最も有害な藻類ブルームの原因となる。有害藻類ブルーム(HAB:Harmful algal bloom)の原因のひとつとして、公衆衛生当局からも厳重に監視されている。この種のブルームは、暖かい水温、農薬や下水の排出による過剰な栄養塩、自然に発生する湧昇など、さまざまな要因によって引き起こされる。幅はわずか数ミクロンだが、針状の長いシリカ殻が各細胞から形成される。すると隣接する殻どうしが重なり合い、つながることにより、この珪藻は長い鎖状のコロニーを形成する。

記憶喪失性貝毒

この珪藻はドウモイ酸という神経毒を生成するが、これは記憶喪失性貝毒(ASP:Amnesic shellfish poisoning)を引き起こすことがある。ASPとは、カキやホタテなど、ろ過食を行う貝類を人が食べると発症する深刻な病気である。これらの貝類は、水中に浮遊する珪藻を摂食することにより、ドウモイ酸を含むことがあるのだ。ASPの症状には下痢、嘔吐、頭痛、精神錯乱などがある。稀ではあるが重症例として、患者が発作を起こして昏睡状態に陥いることがあり、ごく稀に死亡するケースもある。ドウモイ酸中毒の解毒物質はまだ発見されておらず、治療は緩和療法に限られる。つまり、あらゆる治療が奏功しない場合は生命維持装置で患者を延命しながら毒素が排出されるのを待つことになるのだ。本種は人間にのみ有毒であるとは限らず、海鳥、海洋哺乳類、魚類などの動物にも害をもたらす。ドウモイ酸中毒が海洋生物の大量死を引き起したこともある。

漁業はHABの発生中および発生後には決まって閉鎖され、それが何年も続くことは珍しくない。とはいえ、ASPの発生は散発的で、ほとんどの場合、不便さは生じても、健康上の緊急事態が起きることはない。ドウモイ酸は熱に弱いので、貝類を内部温度65°C以上に加熱すれば毒素を消すことができる。

科	バシラス科(*Bacillariaceae*)
分布	太平洋と大西洋
生息域	沿岸域
食性	光合成
備考	毒素が貝類の漁獲に影響を与える。
サイズ	100㎛

p.115 | 光学顕微鏡で観察した*P. australis*。

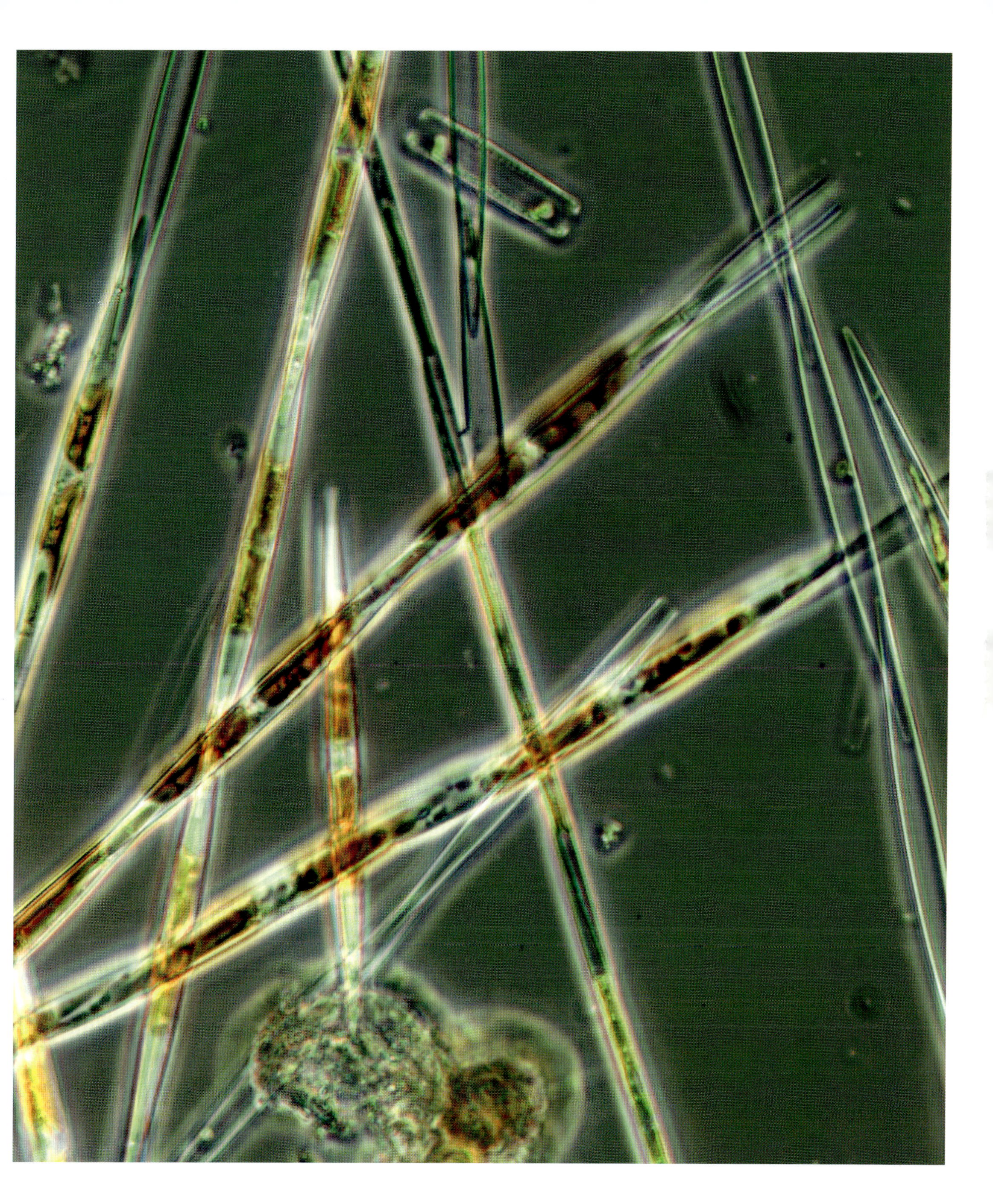

オキクラゲ *Pelagia noctiluca*

刺胞動物

オキクラゲ(Mauve stinger jellyfish)は世界中の海で見られるクラゲの一種。ほとんどの鉢虫類のクラゲと異なり、底生ポリプ期を経ない点が珍しい種だ。この種は遠隔な外洋域の深海で最もよく見られ、巨大な群れやブルームを形成することがある。風や海流によってクラゲが海岸に打ち上げられると、時折、見事な景観をつくりだすことがある。

オキクラゲは最も一般的なクラゲの一種で、特に地中海に多く生息している。有毒で、刺されると痛みを生じるので、避けるべきである。自由に泳ぎ回ることができ、4本の口腕と8本の触手で餌を捕らえる。餌になるのは、小魚やメソプランクトンなどである。

海の常夜灯

この種は生物発光性が非常に強く、夜光クラゲ(night-light jellyfish)という英語名もある。月のない暗い夜には、群れが澄んだ水を照らすことがある。船の通過によってかき混ぜられるなどした擾乱した所で、最も明るい光を放つ。このことから、この光の主な機能は、流れの速い水域ですれ違う餌を引きよせることであることがうかがえる。あるいは、擾乱した流れが捕食者の存在に似ていることから、オキクラゲの防御反応を刺激している可能性も考えられる。産卵のほとんどは日中に行われるが、この夜光の信号がクラゲたちが集まる合図になっているとも考えられる。

ポリプ期のない繁殖

オキクラゲの生活環は、メスが水中に卵を放出することから始まる。卵はオスによって体外受精され、その結果生まれた幼生はプラヌラと呼ばれる。プラヌラは繊毛で動く自由遊泳性の幼生であり、繊毛は餌をろ過する役割も果たす。1週間後、プラヌラはエフィラに変化する。エフィラは、同種のクラゲが経る底生ポリプ期をスキップしたものだ。エフィラが十分に成長し、成体であるメデューサ期に移行するには、条件として暖水であることが必要だ。若いクラゲは初冬に現れ、直径はわずか1㎝しかない。冷たい環境ではほとんど成長しないこともあるが、翌年の夏の繁殖期には完全に成熟する。

p.117 | オキクラゲは、ふじ色の毒針(mauve stinger)という英語名どおりのクラゲだ。

科	オキクラゲ科(*Pelagiidae*)
分布	北大西洋、地中海
生息域	より温かい外洋域
食性	小さな動物プランクトン
備考	大規模なブルームが浜辺に漂着することがある。
サイズ	30㎝

放散虫 *Theocapsa* sp.

原生動物

放散虫は、海に漂う微細な彫刻のような生きもの。そのやわらかい細胞体は、テスト（外殻）と呼ばれるトゲトゲした珪酸質の球体に包まれている。珪酸質とは、微生物が水から抽出した二酸化ケイ素でできたガラス様の鉱物だ。放散虫は動物プランクトンに分類される。日光が当たる表層の有光層に生息するものが一般的だが、いくつかの綱は、より大きな宿主細胞に生息するよう進化した小さな渦鞭毛藻類と共生関係を築いている。こうした共生者たちは、安全な場所を得る代償に糖分と酸素を提供する。しかし、浮遊性の放散虫類は暗い層でもよく見られ、その水深は約2,000mに達する。

放散虫にはコロニーを形成するものもいるが、ここで紹介した種はナッセラリア目に属し、単独で移動する。殻上の棘や突起は浮力を高め、細胞にはろ過食用の糸状の仮足も複数ある。これらの延長部で、微細な植物プランクトンやその他の有機物粒子を捕捉することができる。

放散虫は、温暖な貧栄養海域で特によく見られる。これらの水域は、メソ植物プランクトンに必要な栄養塩が不足している表層域であるため、動物プランクトンが利用できる餌は相対的に少ない。とはいえ、水中には酸素が豊富にあるため、小型の草食動物はそこで生き延びることができ、居場所を築くことができた植物プランクトンを餌として最大限に活用する。

微生物学の黎明期

ナッセラリア目は、微生物学の先駆者であるクリスチャン・ゴットフリート・エーレンベルクが、放散虫を独特なグループとして初めて特定した。エーレンベルクはフィールドを中心とした動物学者として北アフリカと東アフリカを探検し、紅海のサンゴを研究し、友人のアレクサンダー・フォン・フンボルトとともに極東を旅したのちにベルリン大学に戻って研究を続けた。そこでの数十年間は微生物の解剖学を専門とし、何千もの種を記録。その中には、さまざまな放散虫だけでなく、珪藻類や有孔虫類も含まれていた。

放散虫の化石記録

放散虫の殻は多様で特徴的であり、数千年かけて海底に堆積し、珪質軟泥を形成する。この堆積物は岩石輪廻に入るが、殻の構造はそのまま残り、すべてが石に変わっていった。貝殻の種類や放散虫堆積物の深さは、海洋の長い歴史のさまざまな時代になにが起こっていたかを示す有用な指標となる。気候変動や大量絶滅はすべて、放散虫の化石記録に記されているのだ。

p.119 | 走査型電子顕微鏡で見た放散虫（*Theocapsa*）の骨格。

科	ディアカントカプシナ科（*Diacanthocapsinae*）
分布	世界中
生息域	水深2,000mの深海まで。
食性	植物プランクトン
備考	環境に合わせて殻の色が変わる。
サイズ	100㎛

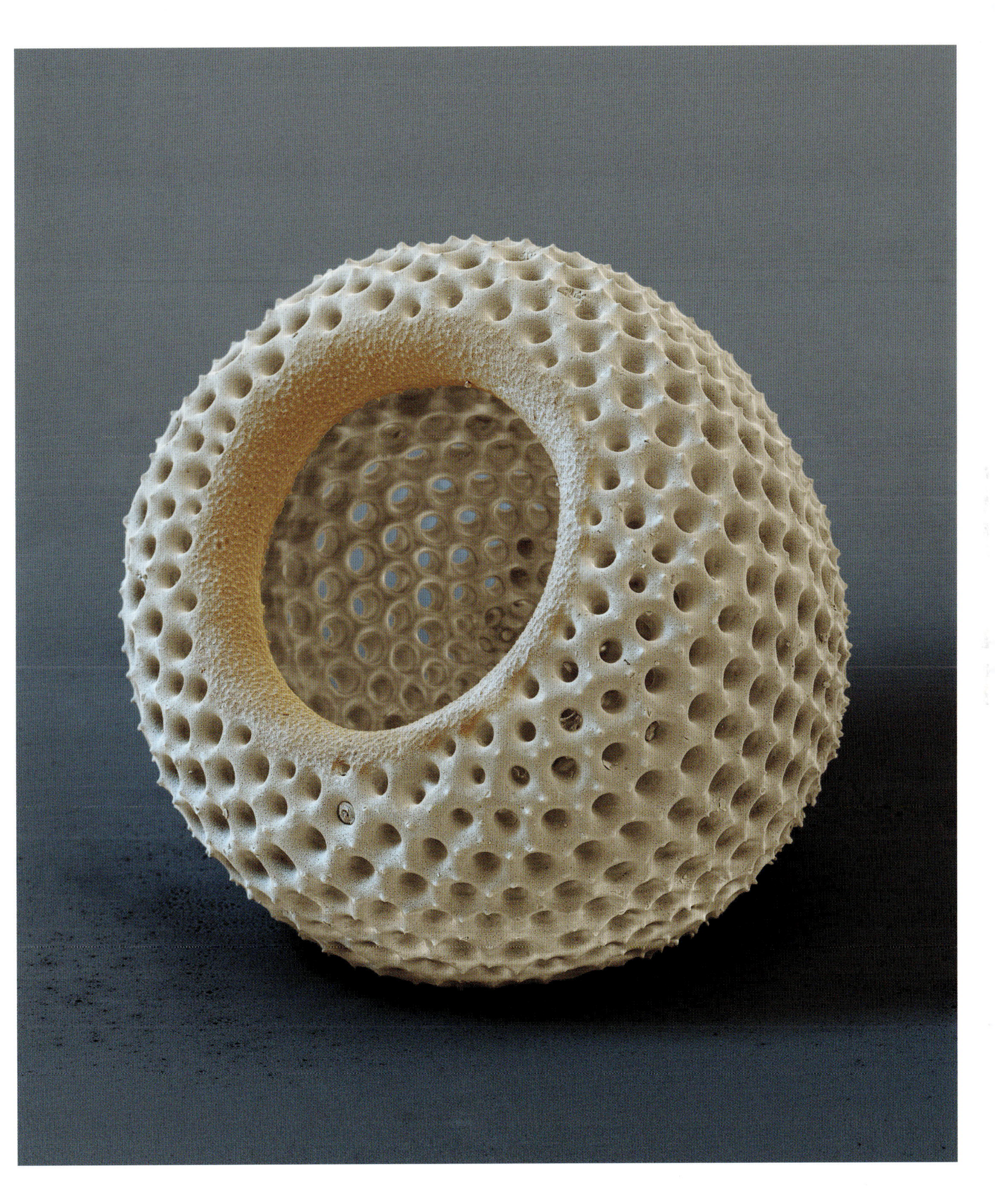

フジツボ類のノープリウス幼生 *Semibalanus balanoides*

甲殻類

フジツボは固着性生物であり、岩に張り付いて周囲のようすをただ眺めて過ごすことを運命づけられた甲殻類である。ほとんどは浅瀬の岩礁に生息しているが、船体や、クジラの脇腹などに張り付き、一生を漂流して過ごす運のよいものもいる。しかし、カニからカイアシ類まで、さまざまな海洋甲殻類と同様に、すべてのフジツボの一生にはプランクトン期があり、具体的にはノープリウス幼生と呼ばれる小さな生物から始まる。

フジツボのノープリウス幼生の物語は、冒険と変容に満ちている。この幼生は成体にはほとんど似ておらず、単純な目と3対の脚のような付属肢、羽のような触角をもっている。これらの付属肢を使って水に浮かび、水中の植物プランクトンをろ過して食べる。直径がわずか1㎜しかないノープリウス幼生は、多数の大きな動物プランクトンに食べられてしまう危険にさらされているため、そうした攻撃から逃れるために常にスピードを上げる準備をしている。

ノープリウスからフジツボまで

ノープリウスは成長するにつれて、外骨格を脱ぐ、一連の脱皮を行う。脱皮のたびに、より複雑になり、付属肢の数も増え、体の構造が洗練されていく。6回の脱皮を経ると、ノープリウス幼生はキプリス期に達する。キプリス幼生はその触角を使って岩などの物体の表面を探り、表面に付着する。

一度付着すると、最終的な脱皮を経てフジツボに変化する。フジツボは一生、この硬い表面に付着し続ける。フジツボは丈夫な殻と、元々の脚から派生した蔓脚(つるあし、またはまんきゃく)と呼ばれる一対の羽状の付属肢をもつ。蔓脚は水中のプランクトンをろ過するために使われる。

p.121 | 一般的なフジツボ(*Semibalanus balanoides*)の幼生。

科	フジツボ科(*Balanidae*)
分布	世界中
生息域	浅い水域
食性	ろ過食者
備考	学名は「巻き足」を意味する。
サイズ	500 ㎛

アミ *Boreomysis sp.*

甲殻類

一見すると、アミ類は小さな十脚類のエビによく似た海産甲殻類のひとつだ。しかし、背甲が胸部の前方部分のみに付いているところに大きな特徴がある。そのおかげで、アミ類の腹部は長くてフレキシブルな尾のようであり、猫背で肩の丸い体型をしているのである（十脚類は、背甲が胸部全体をおおっている）。

育房

アミ類の一般的な英語名は「opossum shrimp」だが、これは、小さな子どもを袋に入れて大量に運ぶことで有名なアメリカの有袋類哺乳類（オポッサム）に由来している。メスのアミ類には胸部に類似した育房があり、丸い肩に加えて丸い腹部を形成している。卵嚢（保育嚢）の本来の機能は、受精の効率を高めることだ。卵は袋の中に産み付けられ、その数は体長に比例する。その後、オスは手足のような付属肢でメスをつかみ、精子を送り込む。

メスは受精卵が発育する間、それを抱きしめて保持する。卵は母親の次の脱皮に合わせて孵化し、わずか1㎜の小さな幼生が水中に出てくる。このように、卵が母胎内に短期間留まることで、卵が受精しなかったり、孵化前に食べられたりするのを避けることができるので、資源を無駄使いしない。とはいえ、生まれたばかりの幼生も、捕食される危険性は依然として高い。それでも、この合理化された繁殖システムの効率性の高さにより、メスは2週間ごとに子孫を産むことができる。最適な条件下なら4日ごとに子孫を産むことも可能だ。

共食い

オキアミはろ過食者であり、水からこし取ったものはなんでも食べることができる。ここで紹介したアミは深海種で、水面下1,900mという、有光層よりもかなり深い層に生息している。アミには卵でいっぱいの袋のほかに、暗闇の中でも生命や餌の兆候や食物を探せる一対の大きな目がある。生息域の深層には餌が乏しいことから、成体は生き残るために共食いをすることもある。これは主に、育房から出てきた幼生を成熟したアミが捕食するという形で行われる。

p.123｜深海性のアミを側面からとらえた画像。その英語名（opossum shrimp）は、受精卵を保持する袋にちなんで付けられた。

科	アミ科（*Mysidae*）
分布	世界中
生息域	海水および淡水
食性	ろ過食者
備考	発育中の卵を保持するため袋を使う。
サイズ	2.1㎝

CHAPTER 4

WHERE PLANKTON WANDER

プランクトンが漂流するところ

海洋から湖や池まで、植物プランクトンの姿は光さえあればどんな水域でも見ることができる。植物および動物プランクトンは地球上、最も広く分布する生物群であり、海洋のあらゆる水深に存在する。生息域におけるプランクトンの豊富さは、光と栄養の利用可能性に大きく依存している。地球上の全水域で、プランクトン（特に植物プランクトン）が最も多く生息しているのは有光層—光合成による成長を支えるのに十分な光が差す最上層—なのである。

淡水域、河口域、沿岸域、外洋表層、深海、海底など、生息域が特定の場所に限定されているプランクトンは多い。その一方で、より広範囲に分散してさまざまな環境に出現する種もいる。プランクトンは海流やジャイア（大きな渦流）に沿って旅をするが、水柱内を毎日（世界最大規模の移動である日周鉛直移動）、そして季節ごとに移動することもある。

PLANKTON DISTRIBUTION プランクトンの分布

プランクトンは水域全体にランダムに分布しているわけではない。大型のプランクトンには、水中で位置を変えられるものもいるが、自力で移動する能力は限られており、ほとんどのプランクトン生物は、能動的に動くことはできない。プランクトンは受動的な浮遊状態にあるか、泳ぐ速度が潮流や海流に比べて遅いため、海洋の物理的、化学的変化に対しかなり敏感だ。したがって、水域における鉛直面と水平面に沿ったプランクトン生物の分布は、環境の物理的、化学的特性や動態から影響を受ける。

プランクトン群集に影響を与える環境特性には、水温やpH、栄養塩（リンや窒素など）の利用可能性、光の強度などがある。それらよりも強い要素が、水深や表層流、より広範なシステム海流系（ジャイアなど）、塩分や濁度などである。また、捕食者の分布や動き、より局所的には、河川などからの淡水流入の影響も受ける。

プランクトンと環境の変化

人間の活動による環境変化は、海洋および陸水生態系のプランクトン個体群に擾乱を引き起こし、それは現在も続いている。水中の状態がわずかに変化するだけで、プランクトン群集の構成、ひいては食物網全体を大きく変えてしまう可能性があるのだ。そのため地球温暖化や気候変動に関し、プランクトンは重要な検討対象となる。変化に敏感なプランクトンは、環境変化の指標として有用であり、炭素循環におけるその重要な役割を考えると、海洋プランクトンは気候変動を緩和する手段になることもある。プランクトンの未来については、CHAPTER 6の「未来に立ち向かう」でさらに詳しく説明する。

上 | 単細胞の珪藻類は、あらゆる海洋および陸水環境に生息しており、陸上の湿った生息地でも見られる。

FRESHWATER PLANKTON 淡水プランクトン

プランクトンは、湖、氷河湖、貯水池、川、渓流、池、湿地などの陸水域にも多数生息している。陸上生態系からの供給により、陸水域は海水域よりも窒素やリンといった栄養塩の濃度が高くなる傾向にある。水中の栄養塩が豊富だと、植物プランクトンによる一次生産が促進される。植物プランクトンは、その他のほとんどのプランクトンの餌となることから、陸水環境は豊富で多様なプランクトン群集を支えられるのである。

海洋プランクトンと淡水プランクトンの生態は概して似ているが、塩分が高いことなど、いくつかの要素が、海洋と淡水の環境に大きな違いを生んでいる。プランクトンの多くの種は淡水か海水のどちらかに適応しているが、両環境に存在するグループもいくつかある。例えば、紅色硫黄細菌（*Chromatiaceae*）と緑色硫黄細菌（*Chlorobiaceae*）は、淡水および海洋の嫌気性環境（酸素が不足している水域）などの過酷な条件下での生活に適応している。

陸水域によく見られる動物プランクトンには、ミジンコ目（*Cladocera*）やカイアシ類のほか、ワムシ類や原生動物などがいる。海洋では動物プランクトンの生物多様性が高いが、淡水のプランクトンの中では、原生生物の多様性が特に高い。シアノバクテリアは藍藻とも呼ばれ、湖で最もよく見られるが、一部の種は海水環境にもいる。陸水域には、ほとんどのプランクトン藻類グループの種がおり、特に多いのが珪藻類、珪質鞭毛虫類、渦鞭毛藻類、緑色植物門などである。その多くは、生息地が淡水環境に限定されている。

下｜ピンヌラリア属（*Pinnularia*）の珪藻類は、主に池や湿った土壌で見られるが、湧水、三角州、湖にも生息している。

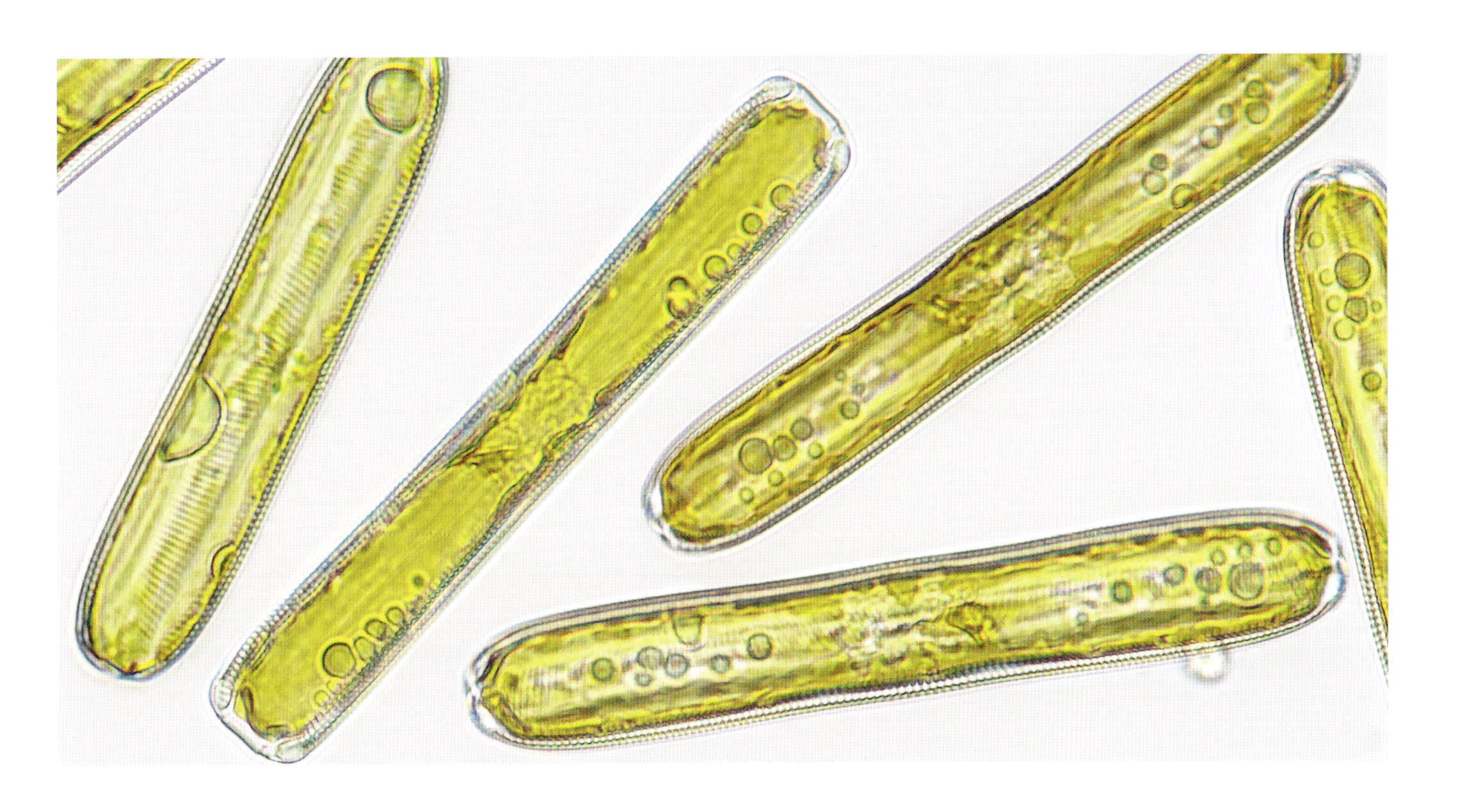

MARINE PLANKTON 海洋プランクトン

海洋プランクトンは、極小の植物プランクトンやシアノバクテリアから、大型のクラゲまで、生物多様性に富んだグループで構成されている。海洋にいる植物プランクトンの大部分は、炎色植物門(*Pyrrhophyta*、さまざまな渦鞭毛藻類を含む)と不等毛植物門(*Heterokontophyta*、さまざまな珪藻類を含む)の種である。海洋プランクトンには、かなり多様な動物プランクトンがおり、終生プランクトン(カイアシ類やクシクラゲ類など)と、二枚貝や甲殻類の幼生などの一時生プランクトンも豊富に存在する。

海洋は地球表面の約70%を占め、海洋生物の幼生形態の多くが浮遊性であることを考えると、海洋がこれほど多様なことも、それほど不思議ではないだろう。外洋域に生息するプランクトンは、おそらく地球上、最も重要な生物群である。食物網において極めて重要な生態学的役割を担っており、世界の酸素の約半分を生産しているからである。

海洋生物圏

世界の海洋におけるプランクトン群集を地理的に正確にグループ化して区分することは、その分布があまりに多くの動的環境要因に依存しているため、非常に困難である。プランクトンは海洋全体に存在するが、その空間分布の研究はかなり難しいため、十分な理解は進んでいない。プランクトンネットを使った標本採集により、動物プランクトンの地域規模の分布に関する有用なデータは得られているが、ネットでは多くの種を正確に採集できないため、一貫した地球規模の標本採集から得られたデータベースは少ない。

生物多様性の緯度勾配(陸上および水圏環境で確認されている地球規模のパターンで、生物多様性が、赤道付近では高く、極地に向かうにつれて低下すること)は、ほとんどのプランクトン種に該当するとされている。しかしバイオマスの観点から見ると、動物プランクトンは通常、赤道に近いほど多様性が低く、季節変化とより多くの栄養塩湧昇によってプランクトン群集が支えられている温帯では、高くなる傾向がある(湧昇は、風によって沿岸の表層水が押し流され、栄養塩豊富な深層水がその水に置き換わるときに発生する)。

海洋混合

植物プランクトン、そして、それらを餌とするプランクトン種は、光合成に十分な太陽光が差す海洋の表層水に多く存在している。沿岸域のようによく混合する場所では特に、表層水の栄養塩が豊富だ。混合と循環は栄養塩の移動を確実にする鍵となるため、海洋における生息域の物理的特性は、プランクトンの地域的な豊富さと分布に大きな影響を与える。

表層付近の栄養塩は植物プランクトンが急速に利用するため、混合層の下にある豊かな水から十分な栄養塩を供給して表層のプランクトンを維持するには、鉛直混合が必要となる。混合は、秋に強まる風、暴風や渦などの気象イベント、河川や河口域の淡水源流入など、流れや季節変化によって発生する。したがって、季節があまり明確でない亜熱帯においては混合が弱く、頻度も少ないことから、混合層は年間を通じて浅いままである。その結果、表層の栄養塩レベルが低下し、プランクトンの量や生産力も低下する可能性がある。

沿岸域は、淡水源からの補給と沿岸湧昇および潮汐混合による混合により、栄養塩量が高い傾向にある。こうした生息環境では栄養塩が豊富なため、プランクトンも豊富に存在する。沿岸および河口の生態系は、そこで起きる一次生産と、主要な漁業対象種の育成場としての機能という点で、最も重要な海洋生息環境のひとつであるが、人為的活動から最も脅かされている場所のひとつでもある(p.187参照)。

p.129 左上 | ミジンコ属の種は、岩場の一時的な水たまりから湖まで、驚くほど広範囲な淡水生息環境で見られる。

p.129 右上 | ミジンコ属の分布は捕食動物の出現と関連しており、プランクトンを捕食する魚類のいる湖では、より小型のミジンコ属種が見られる傾向がある。

p.129 下 | 表層流の循環は海洋の混合に不可欠であり、海洋プランクトンへの栄養塩供給にとっても重要である。

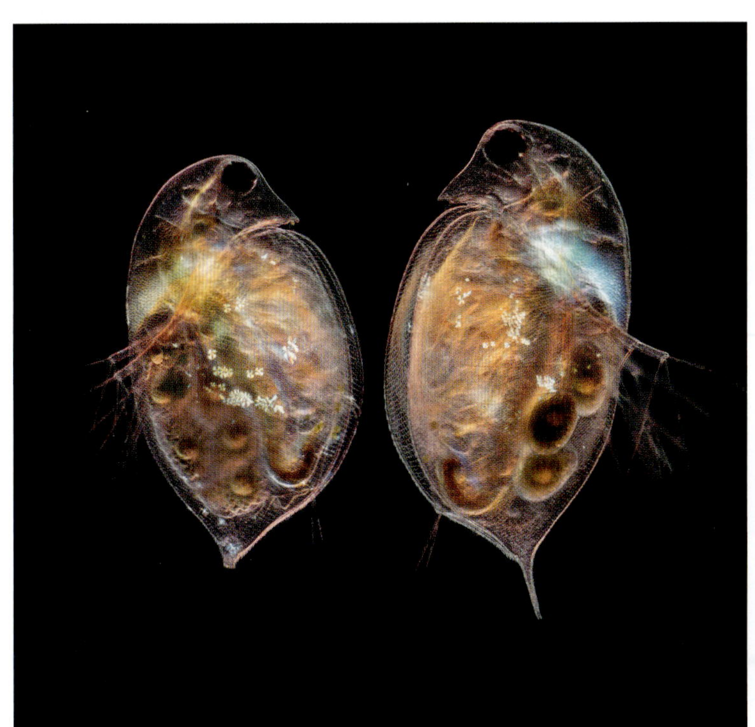

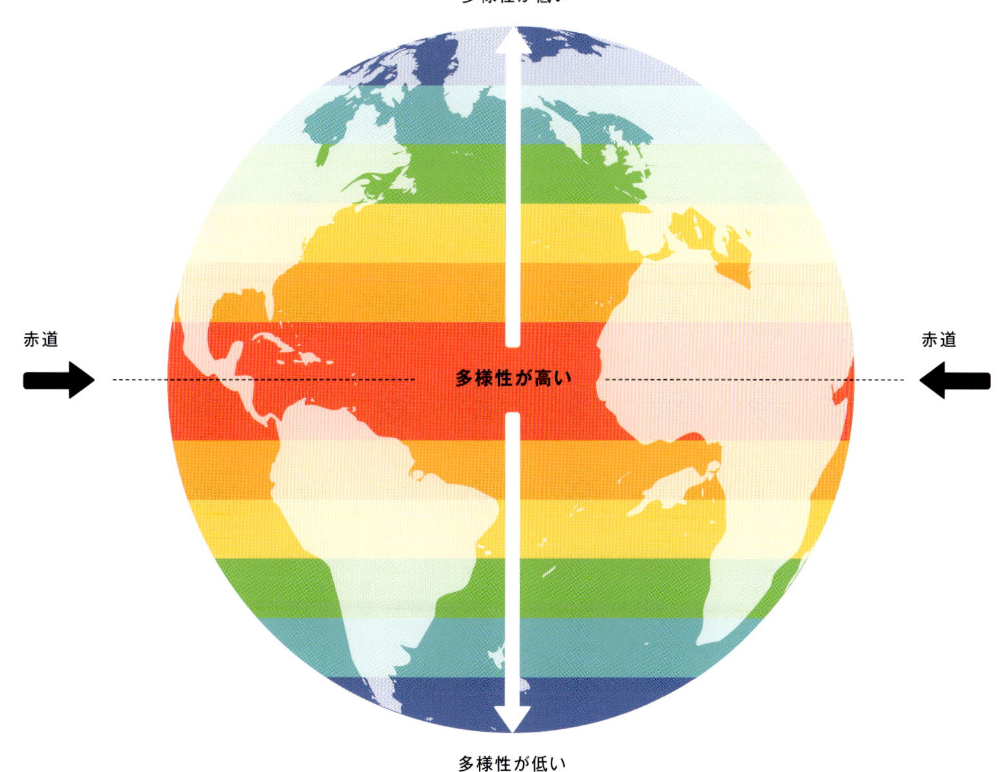

極地

プランクトンは極域の生態系の重要な構成要素である。北極と南極の極端な環境条件は、生理学的適応性のない種が生息するには厳しすぎる。極域の海水は低温であるばかりでなく、季節によって光や、氷におおわれる状態が大きく変化するのだ。こうしたかなり極端な条件にもかかわらず、一部の植物プランクトン種はこの生息域で繁殖し、凍った海に生息する動物プランクトンなどの海産種を支えている。これらの種は(短い)夏の間は水柱で、残りの期間は氷の層の下で生息する。

極域で最も豊富に見られる植物プランクトンは珪藻類で、低光量の条件によく適応し、雪解け水の栄養塩で成長する。珪藻類は氷床の下でもよく繁殖し、ナンキョクオキアミなどの動物プランクトンや、その他の海洋動物の餌料源となる。これらの植物プランクトンは極域の食物網の基盤を形成し、最終的にはクジラ、アザラシ、ペンギン、ホッキョクグマなど、大型捕食動物の餌となる。極域の海域で日光が極端に少ない時期、プランクトンは活動が減ったり休眠状態に入ることが多い。時には、多くの捕食動物の手が届かない水深数千メートルの場所で、一年のうち何か月も休眠状態のまま過ごすこともある(p.137参照)。

上 | 生物多様性の緯度勾配とは、種の豊富さが、赤道に向かうにつれて増し、両極に向かうにつれて減ることを意味する。

p.130 | ナンキョクオキアミ(*Euphausia superba*)は大きな群れを形成して南極域に生息する。密度は1㎥あたり最大6万匹に達することもある。

THROUGH THE WATER COLUMN 水柱を通じて

水圏環境には、ニューストン（水表生物）、プランクトン（浮遊生物）、ネクトン（遊泳生物）、ベントス（底生生物）の4大グループがいる。ニューストンは、水面上か、水面下に付着して生息する生物である。このグループには、昆虫、クモ、ワーム、原生動物など、さまざまな分類群が含まれる。プランクトンはその次の層を構成する。この生物は水面を漂うことはあるが、ニューストンのように界面に生息して表面膜と相互作用することはない。

ネクトンは能動的に泳ぎ、水流に左右されずに活動できる、あらゆる水圏生物で構成されている。このグループには、魚、サメ、クジラ、カメ、タコなど、よく知られた生きものが多数含まれる。水柱全体で見られるが、深度が増すにつれてまばらになる。最後にベントスは、海底の堆積物の上または中、あるいは岩石基質上に生息するすべての生物を指す。大型のものには、ワーム、海綿動物、甲殻類などがいるが、線虫や底生カイアシ類のように、多くは体長が1㎜未満である。プランクトンは水柱全体で重要な生態学的役割を果たし、水圏生物を直接的または間接的に支えている。

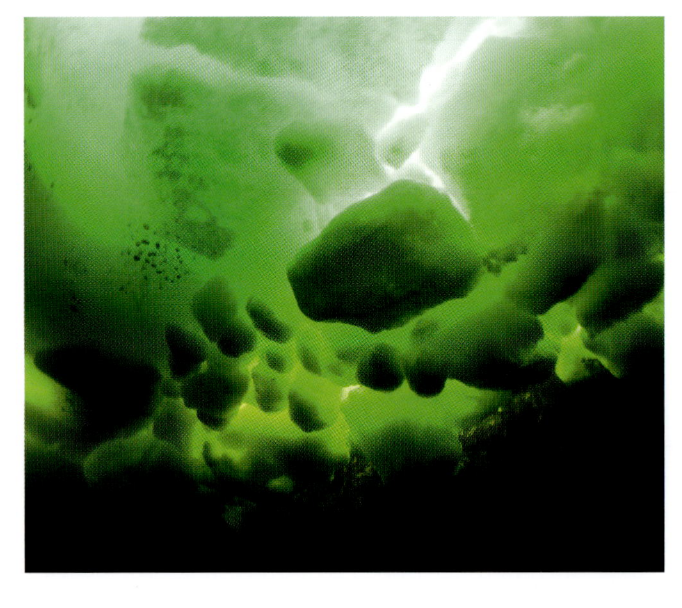

左下｜プランクトンは極端な環境でも繁殖する。南極海では、春に海氷が後退すると、植物プランクトンがよく大量発生する。

下｜植物プランクトンは主に、日光が十分に差す有光層に生息している。動物プランクトンもほとんどがこの層で見られるものの、水柱全体に広く分布している。

水圏生物と水柱

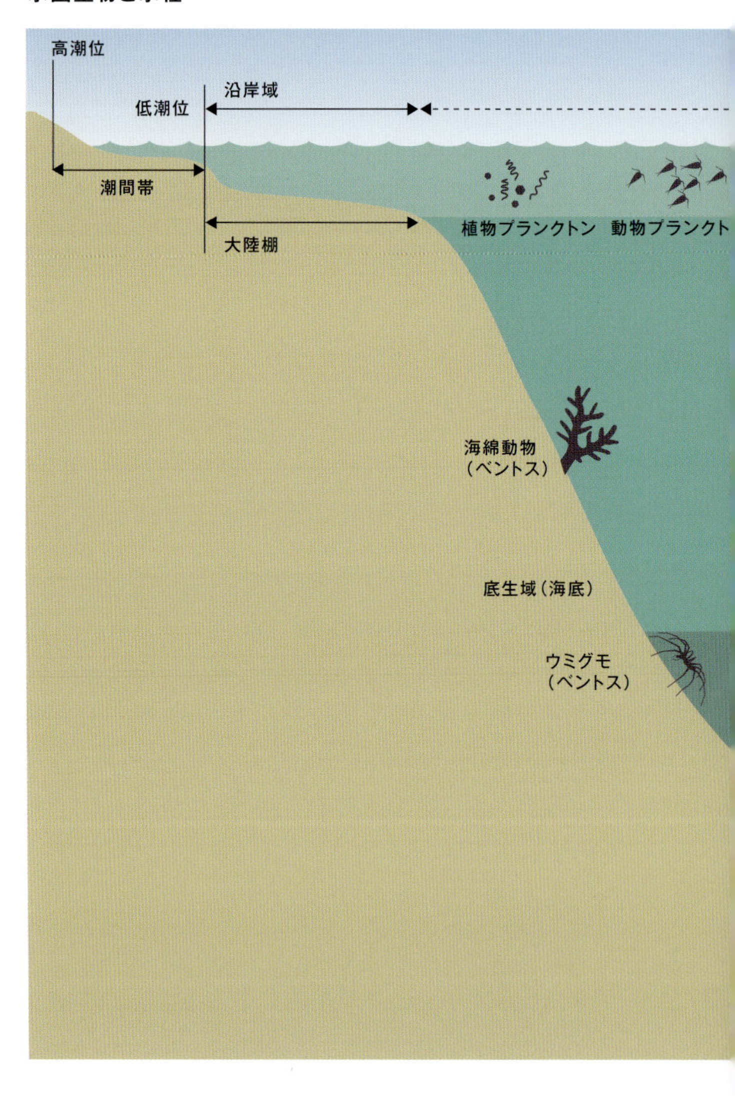

プランクトンの生息域

一次生産者である植物プランクトンは太陽光からエネルギーを得るため、生息域は安定した光量の場所に限られる。したがって、このグループのプランクトンはほとんどが水柱の最上層、つまりは有光層に生息している。有光層は水深約50～200 mで補償深度に達し、水柱はそこから弱光層に移行する。補償深度では光の強度が約1%となり、光合成によって生成されるエネルギーは、呼吸で消費されるエネルギーとほぼ均衡する。補償深度は日中や、季節によって変化し、夜間には意味をなさなくなる。

植物プランクトンを餌とする動物プランクトン種は主に有光層に生息するが、表層から海底の堆積物に至るまで、水柱全体で見られる。バクテリア、ウイルス、ならびに食物網の上位にいる一部のプランクトンは、魚類やイカなどのネクトン（遊泳生物）とともに、弱光層と無光層に生息している。

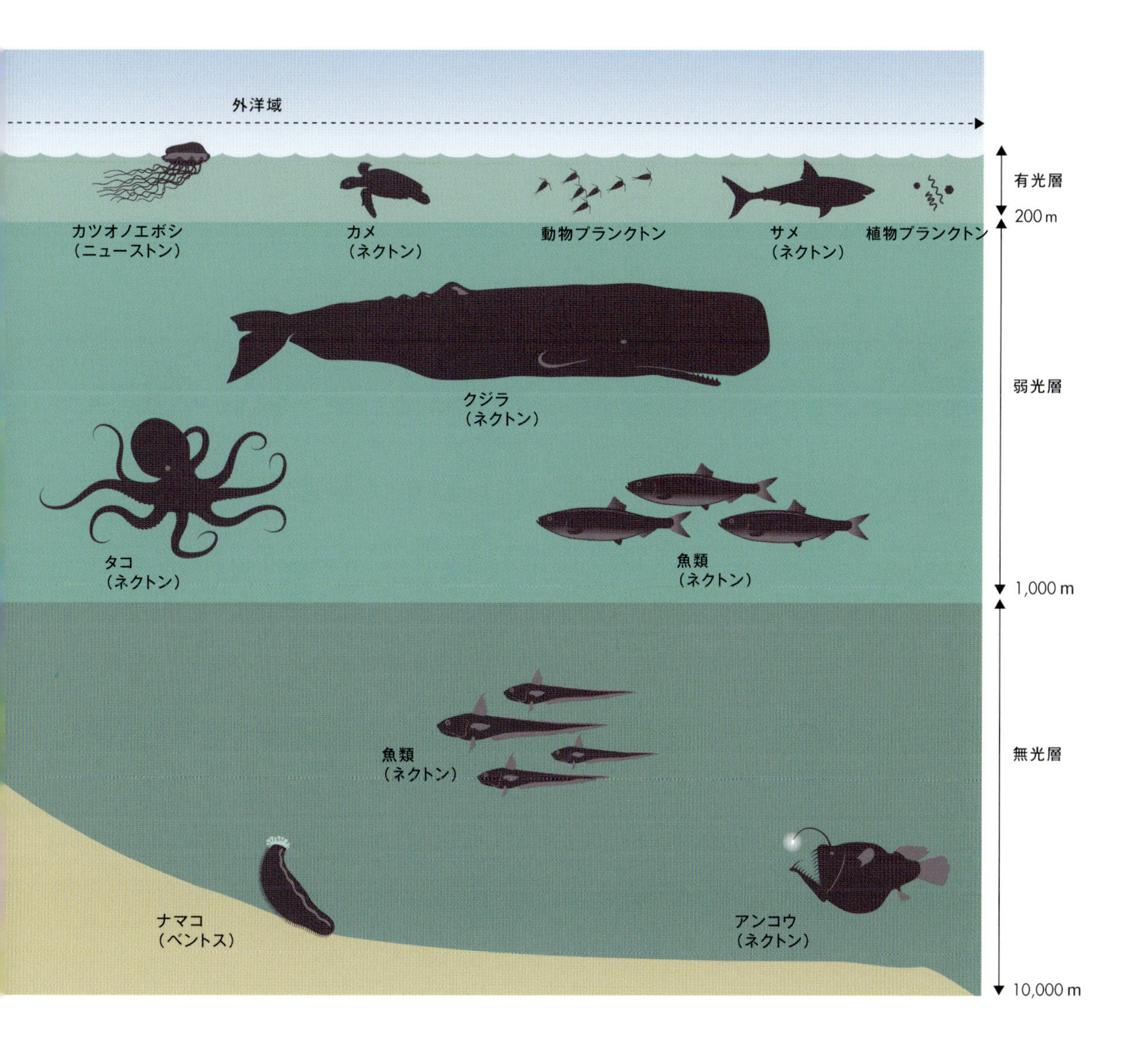

DAILY MIGRATION 日周移動

水圏生物が餌を求めて表層に浮上し、その後、捕食を避けるために深層に沈むという世界最大規模の移動は、毎日行われている。プランクトンが主要な構成要素であるこの移動は、日周鉛直移動（DVM：Diel or diurnal vertical migration）と呼ばれている。この現象は、地球上の陸水と海洋のあらゆる水圏生息域で発生し、海洋における大規模な移動は宇宙からも確認できる。

DVMは、海洋の驚くべき多様性を説明する際に役立つ。海洋生物は栄養段階によって分類される群集で水柱を移動する。海洋には水平面だけでなく鉛直面に沿って、多くの階層化されたニッチ（生態的地位）が存在するのである。DVMにより、栄養段階の最上位の捕食者の行動は、植物性動物プランクトンから影響を受ける。

きっかけ

植物プランクトンからサメまで、ほぼすべての水圏生物が24時間周期で移動している。ほとんどの生物は夕暮れどきに表層に向かって移動し、夜明け前に再び深層に降りていくが、すべての生物が同時に移動するわけではなく、逆のパターンをとるものもいる。動物プランクトンを含むあらゆる大きさの生物が、わずか数時間で数十〜数百メートルという驚くべき距離を移動するのだ。例えば、体長2㎜のカイアシが最大100ｍも移動可能だ。これは、体長2ｍのヌーが、毎日100㎞を移動することに匹敵する。これは、ヌーが年に一度、厳しい行動として有名な移動で進む距離の10倍以上にあたる。小さなプランクトンが移動するのは海流に乗る時だけだが、水柱内の移動は能動的なものではない。

DVMのパターンは捕食者と餌との関係によって駆動されていると考えられている。視覚に頼らない捕食者とその餌とが、その他の生物とは逆のDVMを行うという証拠がこの理論の裏付けとなっている。DVMは通常、日光によって引き起こされる。暗い極地の冬の間で

典型的な日周鉛直移動と逆日周鉛直移動

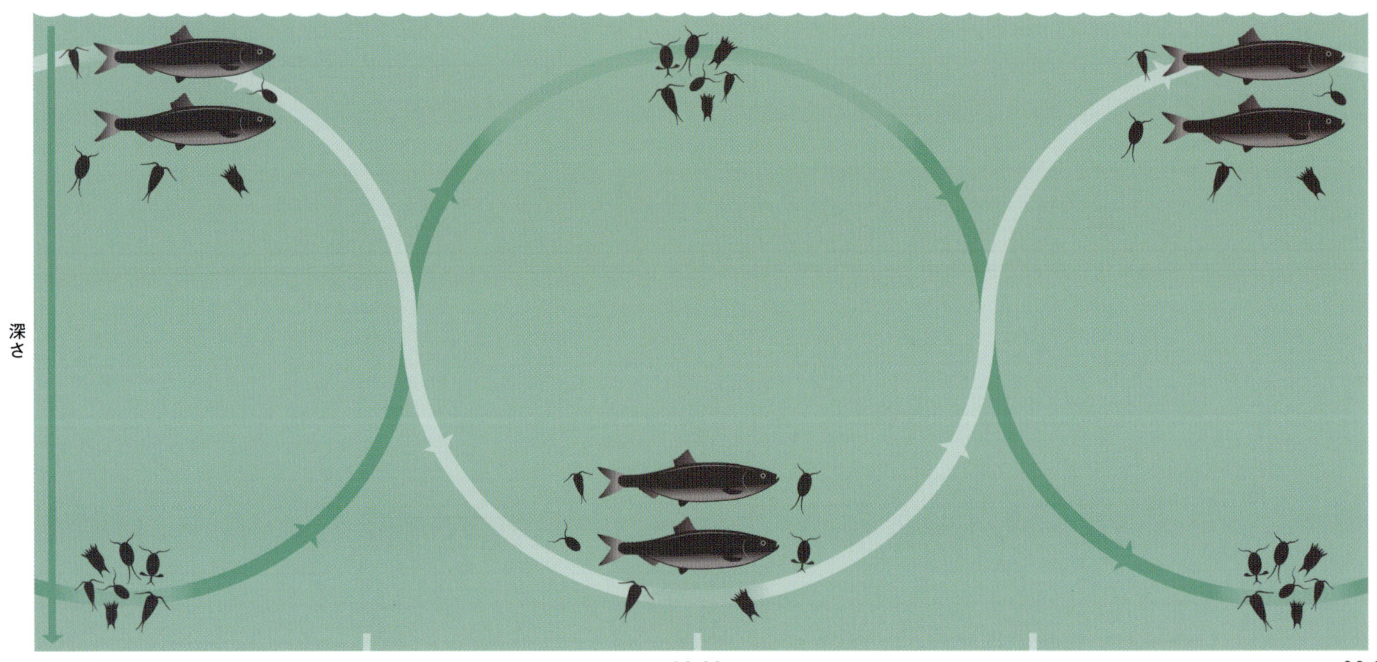

光が乏しいときでも移動は続くが、こうした状況下では、きっかけは日光から月光に変わる。極夜の時期、月光は動物プランクトンにとって視覚捕食者に食べられるリスクを高めるため、高緯度の海洋生息域における鉛直移動のきっかけは月光に依存する。これは、24時間の太陽周期から 24.8時間の月周期へと移行することによって証明されている。科学者たちはまた、極地の冬の時期には、満月が訪れる29.5日ごとに動物プランクトンの大量沈降が起こることも記録している。

なぜわざわざ移動するのか？

毎日、これほどの距離を水柱移動するには、特に微生物にとってはエネルギーがかかりすぎる。そこには、エネルギーを節約しないで移動することで、捕食を回避できるというトレードオフが存在する。例えば、カイアシ類について考えてみよう。このメソ動物プランクトンは植物プランクトンを食べるが、光合成を行う植物プランクトンは表層近くに生息している。カイアシ類にとって最も効率的なシナリオは、植物プランクトンが最も豊富な表層で、毎日24時間、餌を食べることだろうが、日中に光が当たる表層にいると、視覚捕食者から自身が食べられてしまうリスクが最も高まる。カイアシ類はその代わりに、日中はDVMによって表層から離れる。すると、餌をずっと食べ続けられる可能性は低まるが、捕食されるリスクが減る。そのメリットはコストを上回るのだ。

炭素ポンプへの影響

水圏食物網における個々の生物への恩恵以上に、DVMは炭素循環にとっても重要な役割を果たしている。炭素は表層の植物プランクトンが利用しているが、毎日の移動で促進される炭素ポンプ（p.101参照）がないと、炭素の多くが消費され、呼吸され、大気へと戻されてしまう。あるいは、いくつかの水深帯を通って下に移動し、かなりの量の有機炭素や、円石藻類の石灰質殻などの構造に含まれる無機炭素が、最終的には深海堆積物に隔離されることになる。この炭素の移動は地球規模の炭素循環に大きな影響を与えている（p.158参照）。また、気候変動によってDVMの構成要素が変化すると、より広範なシステムに波及効果を及ぼすことになる。

p.134 | 一般的な DVM（白い矢印）では、魚類の視覚捕食者が、より大きな動物プランクトンを表層から追い出す。視覚捕食者にとってあまり好ましくない、より小さな動物プランクトンの中には、逆DVM（青緑色の矢印）に従うものもいる。

上 | 視覚捕食者からの捕食を避けるために、動物プランクトンは毎日、夜明け前に、深海へと移動する。

LONGER-TERM MIGRATIONS 長期的な移動

頻度は比較的に低いが、高緯度域や湧昇域といった季節的な影響を受けやすい環境に生息する動物プランクトンも鉛直移動を行う。年間を通じて環境条件が変化する場所では、プランクトンは季節に応じて生息域を上下に移動するのだ。水柱を鉛直移動する水圏生物の日周移動はかなり研究されているが、これよりもプランクトンの移動についての理解はあまり進んでいない。

季節による移動

動物プランクトンの季節的な移動が初めて認識されたのは、一部の甲殻類が夏に水柱の表層から姿を消し、春に再び現れることに科学者たちが気付いた1800年代後半のことである。さらに調査が進むと、一部のクラゲや甲殻類が一年のうちのある期間に、海底に移動していることが分かった。以来、この戦略は、一年のうちの一定期間に水質が悪化する生息域に棲む多くの動物プランクトン種に関して記録されるようになった。

季節的な水深サイクル

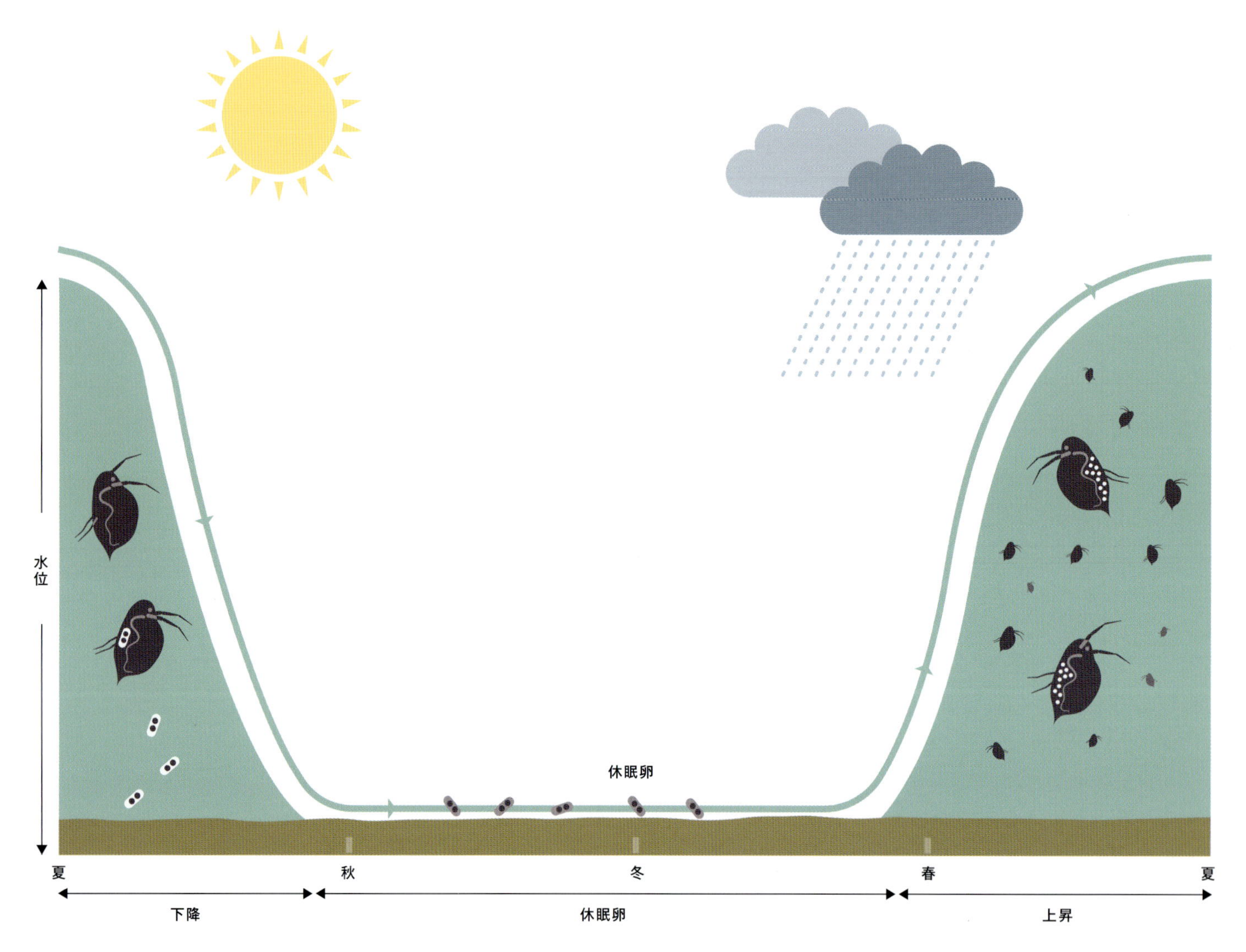

プランクトン(および、その他の動物種)の予測可能な季節的鉛直移動は、環境条件の変化によって引き起こされる。光や栄養塩が限られている高緯度域や沿岸湧昇域、干ばつや凍結により温度変化が起こる一部の陸水域などでは、一次生産者が減少することがある。捕食の勢いも、年間を通じて変化する可能性がある。状況が悪化すると、プランクトンはより深い水域に移動し、場合によっては、状況が改善され、水柱の表層部に快適に復帰できるようになるまで休眠状態に入る。

休眠期

条件の悪い季節には、陸水と海洋の生態系の多くの動物プランクトンが、殻が厚く過剰な油滴を含む卵を産む。堆積物の中で長期間(数か月間も)、休眠しながら生存できるようにするためだ。条件が改善すると卵が孵化し、プランクトンは残りの生活環を沖合いの表層で過ごす。休眠卵を産むプランクトンには、ワムシ類、カイアシ類、枝角類などがいる。

動物プランクトンにも成体になると休眠期に入るものがいる。環境条件が悪化する季節、これらのプランクトンは多くの空腹な捕食者から逃れるために深層に沈降し、そこで休眠期に入る。その後、数か月したら表層に戻る。受精するとメスが休眠状態に入る種もいる。このメスは精子を貯精嚢(メスの生殖器官にあり、精子を生存可能な状態で貯蔵する器官)で保持する。その後、約半年後に条件が改善され、餌をめぐる競争が減っていれば精子を放出し、卵を受精させる。その他に、乾燥や捕食から身を守るために外骨格層(クチクリン)で身を包む動物プランクトンもいる。一部の種は表層でクチクリンを発達させ、これを利用して堆積物へと沈むが、能動的に泳いで堆積物の中に入り、その後に保護層を発達させる種もいる。

より広範な影響

DVMと同様に、プランクトンの季節的な鉛直移動は、生態系全体に影響を及ぼす連鎖反応を引き起こす。植物性動物プランクトンが水域を移動すると、その捕食者も移動する。休眠期に入る前に、動物プランクトンは長い休眠期間を生き延びるために必要な脂質を蓄積する。そのため、これらのプランクトンは、深層で狩りをする捕食者にとってエネルギーに富んだ獲物となる。この表層から深層へのエネルギーの移動は、深層への炭素の生物ポンプとしても重要であり、より広範な炭素循環において重要な役割を果たしている(p.158参照)。

p.136 | 動物プランクトンには、不利な条件の期間中、休眠状態に入るものもいる。この概念モデルでは、夏の間干上がるような池では、ミジンコが下降して有性生殖を行い、休眠卵を放出する。池の水位が再び上昇すると、休眠卵が孵化し、メスは翌年の夏に水位が再び下がるまで、単為生殖によって無性生殖を行う。

右 | 動物プランクトンは、生息域の状況が改善すると水柱の表層に浮上する。

AEROPLANKTON 気生プランクトン

プランクトンは水域にのみ生息しているのではなく、大気中にも浮遊している。水圏プランクトンと同様に、気生プランクトン(エアロプランクトン)も主に、ウイルス、バクテリア、真菌、その他の原生生物などの微生物で構成されている。その多くは、土壌や水圏環境に生息するものと同じか、類似した種である。気生プランクトンには、花粉、胞子、種子、昆虫などもいる。こうした生物は大気中を浮遊し、風に乗って、時には地球全体を移動し、最終的に堆積する。

プランクトンは、動物のくしゃみや咳、排便、掻きむしり、海のしぶき、風で巻き上げられた砂漠の塵、菌類や植物による活発な放出メカニズムなど、さまざまな仕組みを通じて大気中に放出される。毎年20億tの土壌が大気中を移動していると推定されている。

一度空気中に放出された微生物は、無機粒子に付着したり、水滴に取り込まれたりして気流や乱気流に乗り、大気圏のさらに上層に運ばれる。大気中に留まる時間は、粒子の大きさや形、発生源から一度に放出される粒子数、気象条件などの要因によって決まる。重い粒子は軽い粒子よりも速く地面に到達し、軽い粒子は乾いた沈着物や、雨や雪のような水滴となって地表面に到達する可能性がある。

気生プランクトンの豊富さと多様性は、天候、季節、そして、大気の下にある生息域によって変わってくる。例えば、都市の上空では、1㎥あたりの微生物数が深海よりはるかに多い。地球を取り巻く大気の循環により、浮遊生物の分散の状態が決まる。また、気生プランクトン種の分散と同様に、その動きも、雲の形成や降水、植物と関連する大気の状態(葉圏)に影響を与える。

気生プランクトンの動きが気候変動や環境の健康に与える影響は重要であるが、生態系への影響の直接的な因果関係はまだ解明され始めたばかりである。砂漠の塵の増加とサンゴ礁の減少との相関関係が観察されており、砂嵐中の微生物病原体と、ウニ、カメ、ウミウチワなどの海洋生物の病気との関連性も明かになっている。

大気中に広く存在するにもかかわらず、高空でのサンプル採取が困難なため、気生プランクトンの研究は水圏プランクトンよりも困難だ。これらを採集するときは航空機、凧、気球に仕掛けたトラップや引き網を利用する。最近では、気生プランクトンの長距離移動の分析に衛星画像が使われるようにもなっている。それでも大気は、地球上で最も理解が進んでいない生物圏であると考えられている。

p.138 | 受粉に昆虫を必要とするほとんどの植物と異なり、松は花粉を積極的に放出し、その散布を風に頼っている。

上 | 砂嵐や海水のしぶきによって空気中に巻き上げられた無数の微生物が、毎日、地球のあちこちに堆積している(サハラ砂漠の上空から撮影)。

舞い上がるクモ

プランクトンについて考えるときに最初に思い浮かぶ生物ではないだろうが、クモは、大気の流れを利用するための驚くべきメカニズムを適応させている。大規模な移動の際、一部の節足動物種は生息地の最も高い地点まで登り、その後に空へと飛び立つ。クモは「バルーニング」と呼ばれる行動をとり、時には最高4㎞の上空に上がり、風に乗って大気圏を数百キロメートル飛行する。

クモはそよ風に飛び込むときに、1本または複数の糸を放出する。科学者たちは何十年もの間、こうした大規模な移動を引き起こす正確な条件を特定できなかった。バルーニングが天候に関係なく発生するように見えたのだ。湿度と風速が重要で、微風が吹いていることが望ましいとされていた。しかし、これは科学者たちをさらに困惑させた。微風の状態では、上空で観察されたような大きなクモがバルーニングできるはずはないからだ。

最終的にこの謎は解決した。クモは電場を利用していたのだ。グローバル大気電気回路によって生じる大気電位勾配がバルーニングを刺激していた。クモは刺激に極めて敏感な感覚毛をもっている。それは空気や水の流れ、熱雑音に近い空気の動き、音、そして、電場にも反応する。鉛直的な電場と最適な風の条件がそろうと、クモはバルーニングする。大気電気回路はクモのバルーニングを誘発すると同時に、バルーニングを物理的に可能にするのだ。

病気の蔓延

気生プランクトンの研究方法が改良されると、科学者たちは病原微生物が感染源から気流に乗って長距離を移動し、病原体と接触したことのない人に感染することを実証した。気生プランクトンの動きを理解することが、感染症の予防と制御における最優先事項となったのは、そのためである。この研究分野は課題だらけだ。気生プランクトンの研究は極めて困難で、病気は、感染性微生物がごく少数であっても蔓延する可能性がある。

例えば、インフルエンザA型や結核菌(*Mycobacterium tuberculosis*)といった感染症の場合、人が感染するには、数個の細胞に接触するだけで十分である。病気が拡散するには粒子のサイズが重要になる。感染性粒子の中には、数メートル以上にわたって伝播するには大きすぎるものもあるが、大きな粒子(最大100 μm)でも、空間を移動する速度が速ければ浮遊した状態を保てる。こうした大きな粒子は急速に乾燥することがあり、大気から落ちた粒子は乾燥すると再び空気中に浮遊することがある。

オフィスや医療施設などの屋内環境における感染性粒子の拡散は広範囲に研究されてきたが、地球の大気圏における長距離拡散を分析することは、大きな問題を抱えている。あまりに複雑すぎることから、感染性微生物の世界的な監視ネットワークは存在しない。しかし、この状況を変えるよう求める声もある。将来的には、高空の大気環境観測所(すでに存在しているが、感染性微生物の動きはまだ監視していない)を、気生プランクトンによる感染症の脅威を軽減および制御することに役立てられそうである。

p.140 | オーストラリアでは、無数のクモが高い地点から空に飛び上がるバルーニングを見ることができる。

上 | クモの出糸突起からつくりだされる、細いがかなり強靭な絹様の糸。これがなければ、バルーニングは不可能である。この写真では、ハラクロヤセサラグモ属 (*Tenuiphantes*)の種が、絹の引き糸がはっきりと見える状態で、ヒナギクの上をつま先立ちで歩いている。

ヒゲナガミジンコ *Calanus finmarchicus*

甲殻類

米粒ほどの大きさのヒゲナガミジンコは、北大西洋にかなり多く生息する大型カイアシ類の種である。この種は、温帯および亜極域の食物網において、捕食者としても、餌としても重要な構成要素となっている。環境変化への耐性が強いこの種は、最後の氷河期に分布が変わり、現代の地球温暖化に応じて再び個体群が移動している。餌が乏しいときに休眠状態に入る能力は、厳しい環境下でも繁栄できる能力の鍵となっている。

生残能力

ヒゲナガミジンコは、一年のうちの半分(時にはそれ以上)を北大西洋の深層で冬眠しながら過ごす。そこでは、個体は水深100m以上、多くの場合、500m以上まで沈み、比較的に捕食者から安全な場所で休息する。この期間中は餌が不足するため、本種は体重の多くを占める、蓄えた脂質で生存する。その休眠期間は晩冬か春には終わる。春に現れる植物プランクトンブルームを貪り食うのに間に合うよう表層に浮上するのだ。表層に戻ったら交尾し、餌が豊富なときに産卵する。

食料源

ヒゲナガミジンコは重要な一次消費者であるだけでなく、その脂質貯蔵量のおかげで、タラの仔魚、コダラ、ニシンなどの水産有用魚種を含むその他の多くの海洋生物にとっての重要な餌料源となっている。水産有用魚類によるこのカイアシ類の消費量は、その年間産出量の約20~100%だと推定されている。この種は、絶滅が深刻に危惧されているタイセイヨウセミクジラの出産成功率にも大きな影響を与えることが分かっている。

p.143 | ヒゲナガミジンコは、最も豊富に生息する北大西洋北部では、動物プランクトンの総バイオマスの半分以上を占める。

科	カラヌス科(*Calanidae*)
分布	北海やノルウェー海、北大西洋の亜寒帯海域に豊富に分布。
生息域	外洋域、沿岸域、大陸棚などで見られ、亜寒帯循環付近に分布する。これは本種が越冬中に潜行することができる海盆域にある。
食性	主に珪藻類や渦鞭毛藻類の植物プランクトンや繊毛虫類も摂餌する。
備考	長期間の飢餓状態でも、産卵や代謝を(低く)維持することができる。
サイズ	2~4㎜

プロトペリディニウム(スケオビムシ)属 *Protoperidinium sp.*

渦鞭毛藻類

プロトペリディニウム属(*Protoperidinium*)は200種以上で構成され、世界中の水域で確認されているが、個々の種の生態については、ほぼ分かっていない。本属のそれぞれの種は、外観がかなり似た従属栄養性の渦鞭毛藻類である。一般的には円形またはダイヤモンド形で、トゲや針があり、細胞の中心に沿って溝があり、そこで上半分と下半分に分かれている。また、この属の種は、細胞の周りにプレートが付いており、セルロースでできた強力な外殻(テカと呼ばれる)と鞭毛も備え、水中での移動に役立たせている。

捕食者

プロトペリディニウム属のすべての種は従属栄養性である。葉緑体がなく、パリウム摂食(pallium feeding)という方法で餌を摂食する。パリウムと呼ばれる仮足を伸ばして植物プランクトンを取り囲み、従属栄養細胞の外側で消化するのだ。その食性は種や生息域によって異なり、一部の種は雑食性だが、特定の植物プランクトン種を摂食しないと成長しないという、かなり特異な草食性種もいる。

多様な分布

プロトペリディニウム属の種は、塩水池から熱帯域や北極域まで、多様な生息域で見られる。一年中存在する種もあれば、出現する時期が変わったり、地域によっては1つか2つの時期にしか出現しない種もある。その分布は餌の入手可能性によって決まる傾向があり、一部の種で記録されている季節性は、通常、珪藻類の大量発生と一致したり、独立栄養生物のバイオマスがピークに達したとき、またはその直後に個体数が最も多くなる。

p.145 | プロトペリディニウム属は化学受容によって獲物を探し出し、珪藻や渦鞭毛藻類の周りを回って位置を特定してから付着する。

科	プロトペリディニウム科(*Protoperidiniaceae*)
分布	世界中の水域で記録されているが、季節的に現れることが多く、沿岸域で最も豊富に見られる。
生息域	海洋、汽水および淡水など、幅広い生息環境で見られる。
食性	種によって食性が異なり、非常に特異的なものもあれば、一般的なものもある。通常、大型の珪藻類や渦鞭毛藻類を摂食する。
備考	ほとんどのプランクトン種と異なり、プロトペリディニウム科の生物は自身と同じサイズか、それ以上の餌を食べる。そのため、餌を巡っては大型の動物プランクトン(カイアシ類など)と競争する。
サイズ	最大300㎛

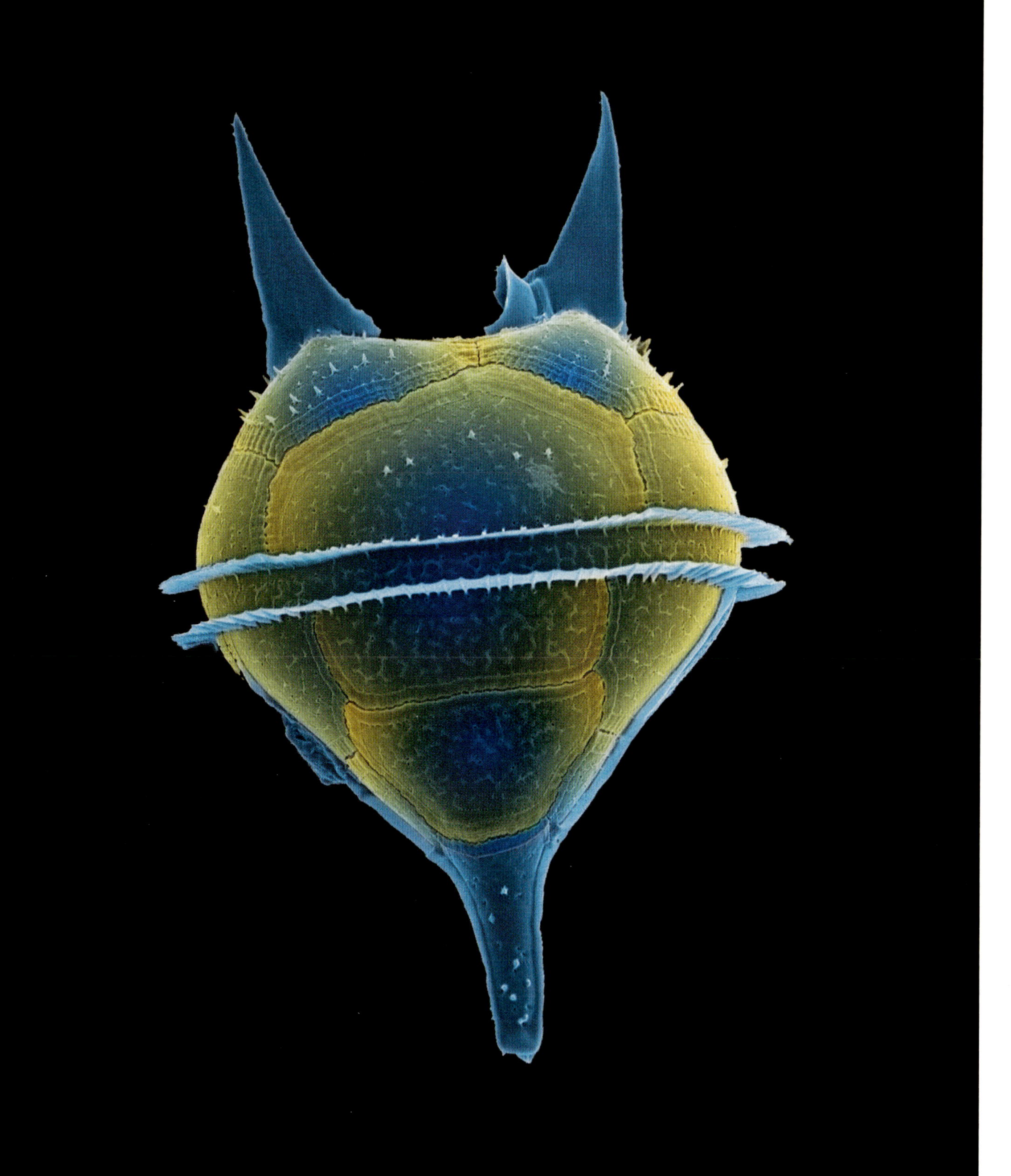

シャコ *Alima sp.*

甲殻類

甲殻類は動物プランクトンの中で最も豊富な生物群である（種数と個体数の両方に関して）。また、甲殻類は、幼生から、運動能力のある成体へのかなり印象的な変態も見せる。特に注目すべき変態は、シャコが浮遊性の透明な微生物から、驚くほど色鮮やかで攻撃的なことで知られる底生の捕食者へと発育することだ。

捕食性プランクトン

シャコは、幼生のときから貪欲な捕食者である。そのため、食物網に大きな影響を与える可能性があるが、その生態学的役割については十分な研究がされておらず、理解は進んでいない。シャコは約500種が記録されている（口脚類に属するもの）。しかし、標本となっている個体数が比較的多いにもかかわらず、幼生期が特定されているものは、そのうちのごくわずかだ。シャコの幼生は、体長が数センチに達する大型の動物プランクトンである。その他の動物プランクトンを捕食し、主に熱帯の浅い水域に生息している。

発育段階

シャコの生活環は複雑である。シャコはメスが産んだ卵（孵化するまで運ぶか、基質に付着する）から始まり、ノープリウス幼生として出現する。この初期段階では、幼生は単純な体とひとつ目をもち、付属肢を使って移動し、小さな動物プランクトンを食べる。次の段階であるゾエア幼生に成長すると、数回の脱皮を経て、より複雑な体になる。ゾエア幼生からメガロパ幼生に成長すると、成体のシャコに似てくるが、幼体のシャコに変態して落ち着くまでは流れに逆らって泳ぐことはできないため、依然としてプランクトン群集に属する。

科	シャコ科（*Squillidae*）
分布	太平洋、インド洋、大西洋、カリブ海、地中海などの海洋の沿岸域に広く分布する。
生息域	暖かい熱帯域で主に見られるが、亜熱帯と一部の温帯域にも生息する。
食性	浮遊性の甲殻類などの小さな動物プランクトンを捕食する。
備考	交尾のためにのみ集まる種がいる一方、一生ペアで過ごす種もある。
サイズ	4 ㎝

p.147 | シャコの幼生は、抵抗力を利用して泳ぐ。水を押し戻し、手足を前方に動かして水中を前進する。

ホオズキガイ *Terebratalia transversa*

腕足動物

腕足類(英語名:Brachiopods)は一時生プランクトン性で、生活環の前半はプランクトン幼生として過ごし、後半は海底で固着性の幼体および成体として過ごす。成体になると、左右対称の殻をもつことで識別される。殻が2部分に分かれていることから、成体は二枚貝に似ている。

腕足動物門(*Brachiopoda*)は約450種を擁する完全な門であり、従来から無関節綱と関節綱(テレブラタリア科[*Terebrataliidae*]を含む)の2綱に分類されてきた。成体の腕足類の大きさは1~9㎜である。これらは単独生活の動物で、すべてが自由生活の幼生期を経る。従来から無関節綱(*Inarticulata*)に分類されてきた幼生は、その成体と同様の姿をしており、数か月に及ぶプランクトン生活の間、突出した触手冠(水中で餌粒子を捕らえる触手のような器官)を使って摂食と移動を行う。一方、関節綱(*Articulata*)の幼生は、数日間、プランクトンとして過ごしたのちに、基質に定着して変態する。

ろ過食

腕足類はどの生物もそうだが、ホオズキガイの幼生も捕食に触手冠を使う。触手冠には繊毛が並んでおり、水流を促して餌粒子を器官に運ぶ。その食性は地域や季節によって異なるが、主に植物プランクトンを食べる。幼生が変態して固着性の成体になると、本種の食性も変化し、付近の水をろ過(依然として触手冠を使用)して有機粒子や有機堆積物を摂食する。これには、バクテリア、植物プランクトン、小さな有機粒子などが含まれるようだ。

捕食者

ホオズキガイをはじめとする腕足類の幼生は、動物プランクトン(例:カイアシ類)や、ろ過食無脊椎動物(例:二枚貝、ハマグリ、フジツボ)、ろ過の仕組みをもつ魚類(例:ニシン、カタクチイワシ)など、多くの海洋生物の重要な餌となっている。

p.149 | ホオズキガイは幼生期に自由遊泳性の生活を送ったあと、海底に定住する。

科	テレブラタリア科(*Terebrataliidae*)
分布	アラスカからメキシコまでの北東太平洋海域
生息域	温帯域、通常は潮間帯や潮下帯に生息する。
食性	幼生期には主に植物プランクトンを摂取する。
備考	ホオズキガイの幼生は小さく透明で、石灰化されていない2つの殻の間に、明確なヒンジ領域がある。
サイズ	幼生は0.3~1.5㎜、成体は最大4㎝

ホウキムシ *Phoronis sp.*

箒虫動物

ホウキムシ科(*Phoronidae*)、実際には箒虫動物門(*Phoronida*)全体でも、わずか2属(フォロニス属［*Phoronis*］とフォロノプシス属［*Phoronopsis*］)しか存在しない。その幼生はアクチノトロクと呼ばれるろ過食動物プランクトンである。ホウキムシの幼生の初期段階は識別がかなり難しく、どの属の種に属するかという情報も少ない。それにもかかわらず、この生物は海洋に豊富に存在し、条件が良好な地域では高密度(1㎡あたり数万匹)に生息している。

触手の王冠

幼生は表層、多くは水深70 mまで、時には約400 mの場所にも生息する。幼生はそこで、アクチノフォアと呼ばれる特徴的な繊毛帯を使って水流を発生させ、植物プランクトンや小さな動物プランクトンを食べる。この絨毛帯は幼生が水柱内で移動し、位置を維持するときに役立つほか、餌となる小さな粒子を引きよせることもできる(興味深いことに、成体になると、一部の種は触手の間で抱卵する)。

生活環終盤

成体になると、ホウキムシは海底に生息するようになる。外洋の底層に定着し、柄節を使って基質(岩や貝殻など)に付着。そこで成体の固着形態に変態する。ホウキムシはそこで、体腔から伸びる特殊な摂食構造である触手冠で餌粒子を摂取しながら、ろ過食者としての生活環を全うする。

p.151 | 30分間の変態中に、アクチノトロクの触手は触手冠に置き換わり、肛門が移動し、腸が真っ直ぐな形状からU字湾曲形に変化する。

科	ホウキムシ科(*Phoronidae*)
分布	ホウキムシ類は世界中の海洋に高密度に生息する、地理的範囲の広いコスモポリタンだとされている。
生息域	世界中の海洋の表層。
食性	フォロニス属の幼生は植物プランクトンや小さな動物プランクトンを捕食する。
備考	ホウキムシ類は最初は幼生の属名(アクチノトロカ［*Actinotrocha*］)として登録された。成体が登録されたのはその数年後で、最終的に両者の関連性が明らかにされた(ただし、登録数は成体よりも幼生の種類のほうが多い)。
サイズ	幼生は最大で3㎜

CHAPTER 5

FEEDING THE OCEANS

海洋への栄養補給

水圏食物網は通常、プランクトンを起点とする。プランクトンとは、海洋と陸水に生息する生物にエネルギーを供給する「有機物のスープ」である。シャチが尾を激しく振り回すエネルギーも結局、単細胞プランクトンが光合成によって太陽光からエネルギーを吸収していることまで遡ることができる。この驚くべきプロセスを通じて、地球上のほぼすべての水圏生物に食物が供給されているのだ（世界の生物圏が利用する酸素の大部分もこれに依存していることはいうまでもない）。プランクトンがいなければ、食物網の基盤ばかりか、海洋生態系全体と地球全体の炭素循環も崩壊することになるだろう。

水圏食物網には、生物間の複雑な相互作用が多数織り込まれている。これは「微生物ループ」と、「より大きな生物間の炭素移動」という2つの主要部に分かれている。プランクトンはどちらの部分でも重要な役割を果たすが、特に興味深いのが、微小なプランクトンの生態学的役割である。ほとんどのプランクトンは極小だが、目に見えないこうした生物間の相互作用が、水圏食物網の始まりであり、この食物網の維持も司っているのだ。

A BRIEF HISTORY 研究史の概要

海洋食物網の始まりは生物学者にとって、長い間、関心の的となってきたが、海洋微生物の生態を詳しく調べることは容易ではない。水圏微生物叢の範囲については何十年もの間、解明されなかった。今日では、新しい技術や計算手法が広く実施されているが、地球の水圏に生息する無数の微生物間の相互作用の複雑さについては微生物学者たちが今なお調査を続けている。

マイクロプランクトンを数える

1970年代後半に落射蛍光顕微鏡を使った観察･計数法が開発されるまで、研究できるのは、光学顕微鏡で見える大きさの生物のみであった。突然、より正確にバクテリアをカウントできるようになったことで、こうした微生物が生物学者の認識よりもはるかに多く海洋に存在していることが、すぐに明らかになった。落射蛍光顕微鏡で見られる細胞数は、寒天培地で計測した数をはるかに上回った。推定値で水1mℓあたり数百個から数十万個に激増したのだ。

この観察･計数法の画期的な進歩により、水圏微生物生態学に関する知識不足の度合が明らかになったのは、ほんの数十年前のことだ。つまり、バクテリアの種類については、ほとんど分かっていなかったことになる。これでもたらされた見識は非常に貴重だったが、顕微鏡(落射蛍光顕微鏡でさえも)の有用性をもってしても、海洋にいる無数の微生物を分析するには限界があった。分子生物学の幕開けにより、科学者たちはようやく、地球の水柱の微小な多様性を真に理解するための糸口を見つけられたのだった。

分子生物学の革命

1990年代の分子生物学の進歩により、微生物学者は海洋標本から大量のDNAを分離し、ポリメラーゼ連鎖反応(PCR:Polymerase chain reaction)を使って分析できるようになった。16sリボソームRNA(16s rRNA)を利用する手法は、微小な水圏生物の研究に特に有効であることが判明した。すべての微生物は、タンパク質をつくるために16s rRNAを生成する。そこでPCR法を用いることで、海水サンプル中で16s rRNAを生成する遺伝子を特定できるようになった。微生物学者がこれを実行し、遺伝子を解析して16s rRNA遺伝子の変異体を記録したところ、それぞれが異なる微生物種を表していた。この技術により、各試水(水のサンプル)から数百種が特定されたのである。

ヒトゲノム解析計画によって分子生物学的技術が急速に進歩したおかげで、2000年代初頭になると科学者たちは前例のない速度でDNAを解析可能になっていた。クレイグ･ベンターとそのチームはサルガッソー海で採集した標本にこれらの技術を適用。研究は進んでいたものの、どちらかというと明らかに生物学的に非活発とされていたバミューダ諸島海域に、4万7千種以上の微生物が生息していると推定した。分子生物学は海洋微生物研究に革命をもたらし、これらの迅速で、低コストかつ正確なアプローチは今日でも、微小プランクトン研究の鍵となっている。

p.155 | 光学顕微鏡しか利用できなかった科学者たちには数十年の間、0.2μmより小さなプランクトンは視認できなかった。

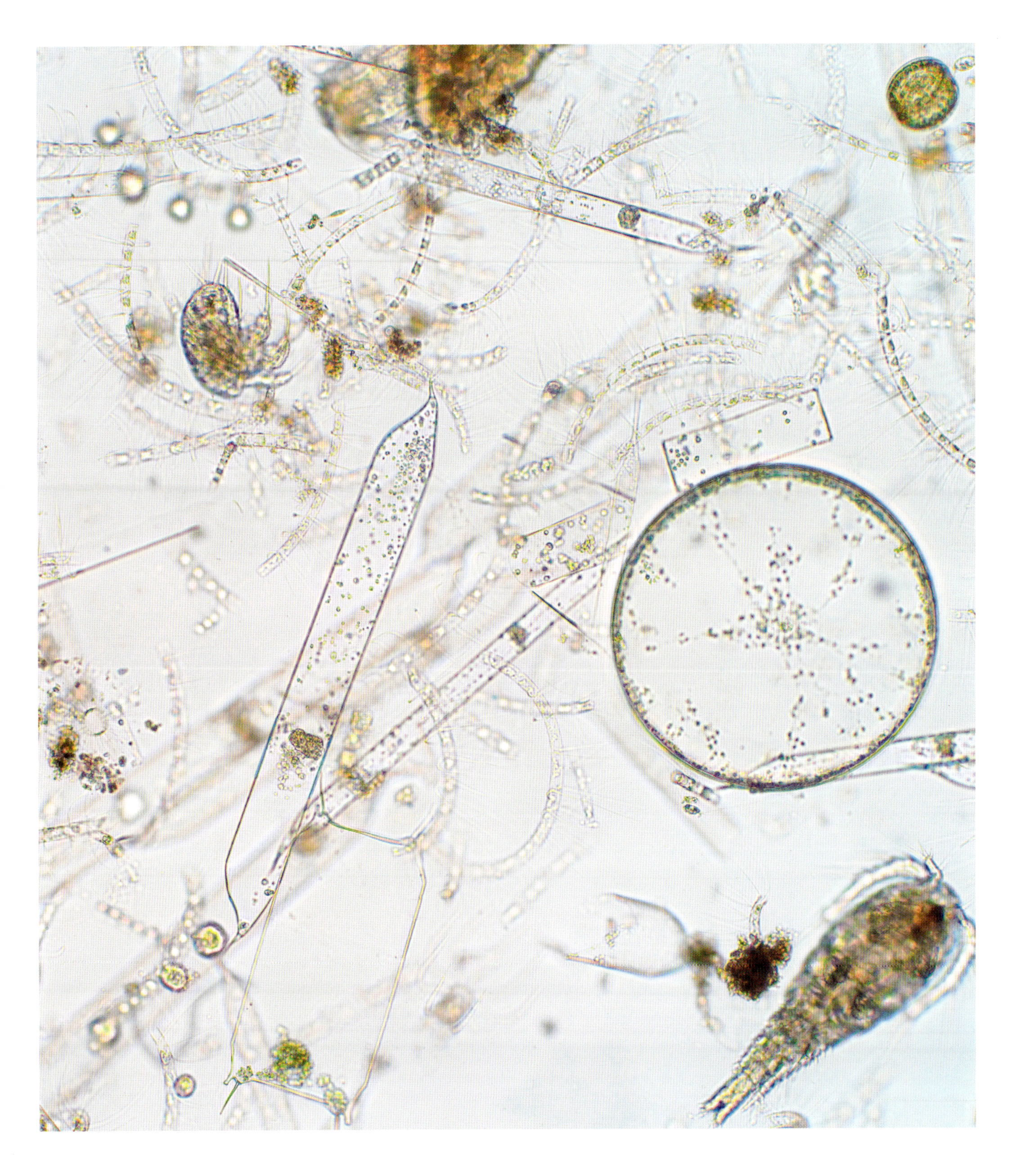

炭素回収

科学者たちは1930年代に水深500m以上の海水を分析し始めたときに、炭素、窒素、リン（すべて細胞分子の構成要素）の比率が植物プランクトンと同じであることを発見した。それから約20年後の1958年、ハーバード大学の生物学者アルフレッド・レッドフィールドが、植物プランクトンは海洋の化学組成をただ反映しているのではなく、実際は、その化学組成をつくりだしているのだという説を提唱する。

科学者が、植物プランクトンが二酸化炭素を利用して生命に必須の有機物を生成していることに気づいたのは、この時期だ。植物プランクトンは炭素循環にとって極めて重要で、これがないと海洋はより酸性になり、大気から水域へと拡散する二酸化炭素の量も減少してしまう。大気中の温室効果ガスのレベルが高まり、炭素循環全体が変わってしまうのだ。

炭素循環に対するマイクロプランクトンの影響の大きさを理解することができたのは、宇宙からの観察があったからであった。植物プランクトンはクロロフィルaという色素をもち、そのおかげで光を吸収して光合成できる。植物プランクトンが多いほど、宇宙から見た水は濃い色になる。衛生海色観測（Coastal Zone Color Scanner）からのデータを使い、NASAの衛星の助けを借りて、科学者たちはようやく、全世界の植物プランクトンの生産力を推定することができた。このデータによると、植物プランクトンが地球上の光合成生物のバイオマスに占める割合は1%未満に過ぎないにもかかわらず、世界の炭素一次生産量のほぼ半分に相当する500～550億tの無機炭素を取り込んでいることが明らかになった。

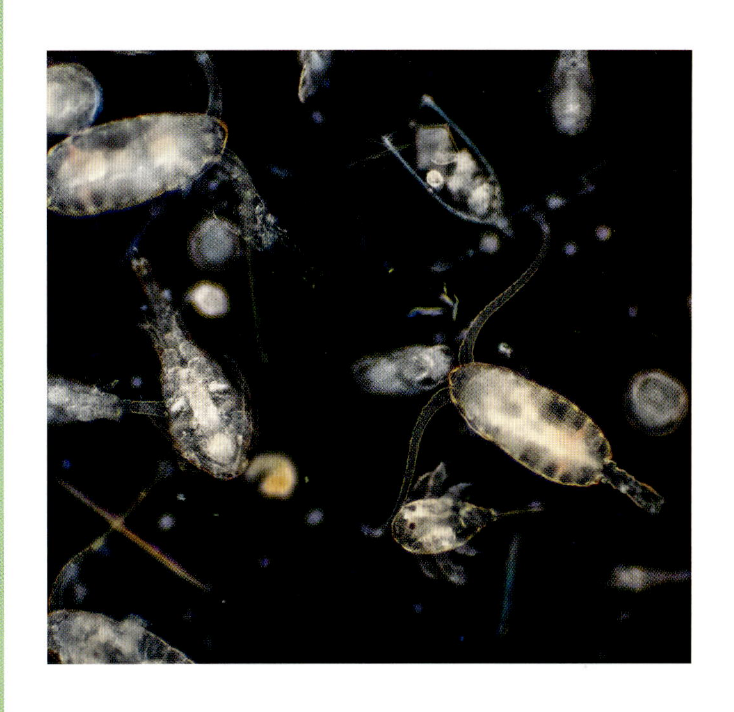

動物プランクトンの研究

大型動物プランクトンの研究は、比較的容易に思えるかもしれないが、生物学者たちにとって、海洋は依然として課題の多い環境である。動物プランクトンの多くは細かい網で捕まえるのに十分なサイズだが、小さすぎたり、かなり壊れやすかったり、捕まえられることを回避する能力の高いものもいたりする。そのため、動物プランクトンの測定と監視には、ろ過法も含めて革新的な技術が採用されている。これには、スキューバ技術による直接観察、遠隔操縦無人潜水艇、音響センサー、デジタル・ホログラフィック・カメラといった深海潜水技術などがある。

p.156 | 植物プランクトン群集は、その鮮やかなクロロフィル色素のおかげで、宇宙から監視可能になった。この写真は、バルト海に浮かぶスウェーデン領ゴットランド島周辺の暗い海で、緑がかった植物プランクトンの巨大な群れが渦巻いているようす。

上 | 動物プランクトンのほとんどは植物プランクトンよりも大きい。それでも顕微鏡でしか見えないため、研究時には多くの場合、試水を実験室で分析する必要がある。

THE CARBON CYCLE 炭素循環

水圏食物網の複雑さを理解するにはまず、炭素循環を理解することが不可欠である。炭素は水圏生物のエネルギー通貨(生物がエネルギーを保存、移動、利用する方法を比喩的に表す用語)であり、生物のエネルギーの大部分は炭素結合に蓄えられている。食物網は、生態系の生物構成要素を通じた炭素循環をマッピングするために利用される。水圏食物網で生じる様々な過程は、水中の生物にエネルギーを供給し、水中の生物間でエネルギーを循環させ、炭素回収(大気からの炭素除去)で不可欠な役割を果たす。

水圏食物網において、炭素はいくつかの経路から生態系に導入される。大気中の二酸化炭素(表層水に溶解しているもの)、陸生の不安定な溶存態および粒状態の有機物(例えば、バクテリアによって分解された植物や、土壌からの有機炭素)、難分解性陸生炭素などを通じてである。難分解性の陸生炭素も植物や土壌などから生じた有機炭素だが、バクテリアによっては分解されにくい。難分解系炭素は、溶存態および粒状態有機物においてはわずかな部分を占めるにすぎないが、何千年も海洋に留まることができるため、炭素貯蔵庫として重要な役割を果たしている。

生物ポンプ

生物ポンプとは、大気や陸地から(流出水によって)海洋に炭素が移送され、最終的に海底に隔離されるプロセスをいう。大気中の炭素は一次生産者による光合成によって固定される。一方、溶存態および粒状態有機物として生態系に入る炭素は、バクテリアが利用する。

このポンプは、固定された有機炭素が、さまざまな生物学的プロセスを通じて水柱を通過する動きを表す。炭素が固定され、非光合成生物がエネルギーとして利用できるようになったら、栄養段階の上位の生物(消費者)が、ほかの生物を食べることで、食物網を通じて炭素を移動させる。炭素はエネルギーとして利用され、円石藻類のような植物プランクトンの石灰質細胞外皮の殻に取り入れられる。炭素が微生物ループを通じて再ミネラル化されるような分解は(p.160参照)、こうしたプロセスと並行して起こる。

固定された炭素の一部は、排泄物としてや、細胞の死後に沈んでいく。例えば生物が死ぬと、粒子はしばしば凝集体を形成して重くなる。こうした粒子は小さな粒子よりも速く沈むおかげで、捕食や分解を逃れて海底までたどり着く可能性が高くなる。これらの粒子は「マリンスノー」として知られ、バクテリアによる分解を逃れて、海洋深層部まで、止まることなく落下していく。炭素はまた、物理的な混合によって表層で動物プランクトンによって取り込まれ、日周鉛直移動によって移送される(p.134参照)。

最終的に海底堆積物に沈降した炭素は、大気から隔離されたまま数千年以上そこに留まる。大気や、陸地からの流出水から隔離された炭素が、海洋深層へと運ばれるこのプロセスが、生物ポンプを構成する。10Gt以上の炭素が毎年、海洋生物ポンプを通じて深海に移送されていくのである。

生物ポンプ

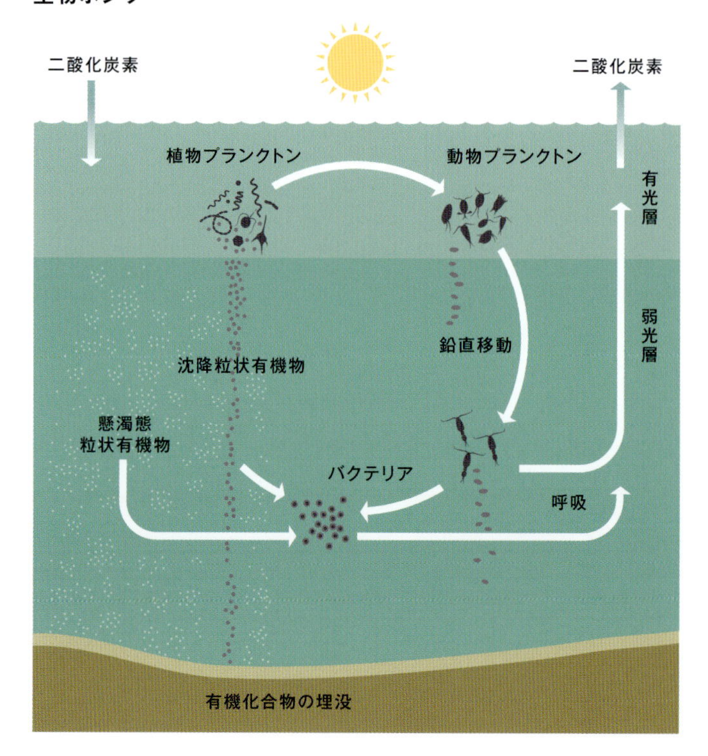

食物網と食物網の間のつながり

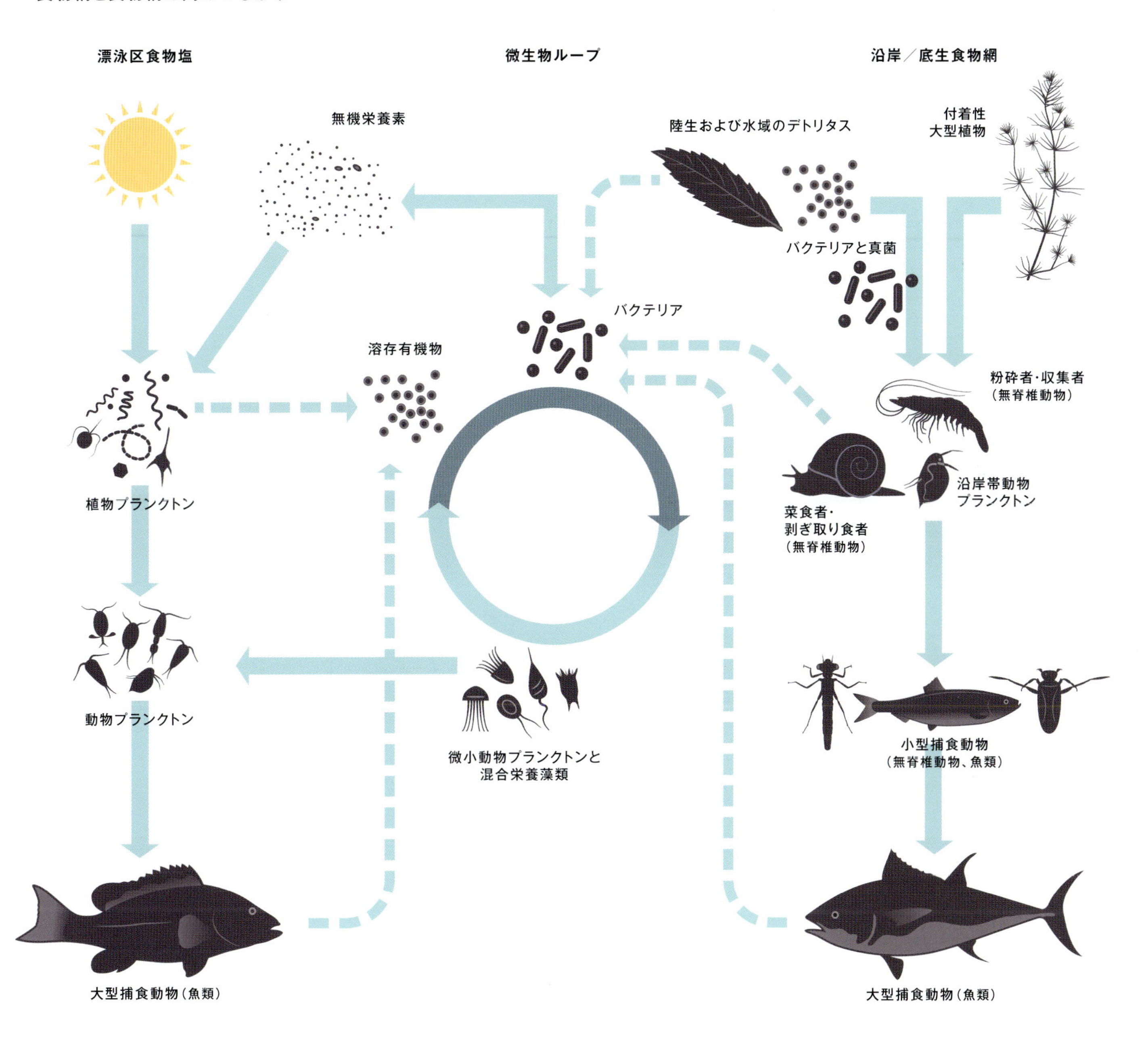

p.158 | 生物ポンプを通じて、有機炭素は海洋のより深いところへと運ばれ、少量が海底に埋もれ、何千年もそこに留まる。

上 | 溶解した有機物によって活性化される微生物ループは、古典的な水圏食物網と並行して機能する。

THE INVISIBLE WEB 見えざる食物網

光合成を行う単細胞生物から始まる水圏食物網は、多方向の相互作用のある、複雑な循環である。最も単純な形態では、この食物網は一次生産者、つまり太陽エネルギーを利用する極小のバクテリアや植物に似た植物プランクトンから始まる。こうした生産者たちは、より大きなマイクロプランクトンや動物プランクトンなどの一次消費者に食べられる。その動物プランクトンは、水生動物(魚類や甲殻類など)の餌となり、これらの動物は、より大きな動物(肉食魚類など)に食べられ、そのより大きな動物はサメなどの頂点捕食者に食べられる。

食物網では、全ての「栄養段階」に複雑な相互作用がある。例えば、栄養段階上位の生物が餌生物の個体数を調整するトップダウンの強制力や、植物プランクトンの生産が上位の動物の個体数を調整するボトムアップの強制力などである。こうした強制力の方向は、水圏生息域や生態学的条件や時間とともに変化する。

食物網における目に見えない要素は、水圏生態系の機能にとって極めて重要である。それらは小さいかもしれないが、海の微小なプランクトンは、どんな多細胞海洋生物よりもはるかに豊富に存在し、合計するとバイオマスも圧倒的に大きい。海には、宇宙の星の数よりも多くのバクテリアがいると推定されている。食物網におけるバクテリアの役割とは、生態系全体を形成していることだ。バクテリアがいなければ、自然のサイクルはすべて、すぐに崩壊してしまうのだ。地球の海というと、魚類、海藻、クジラなどで構成されているものをイメージしがちだが、実際のところは、多様で密集したバクテリアのプールを思い浮かべたほうが、はるかに正確なのである。

小さいところから始まる

極小のプランクトンは、さまざまな海洋生物の基盤となっている。肉眼では見えないこの微生物は大きさによって3グループに分けられる。マイクロプランクトン(20~200㎛)、ナノプランクトン(2~20㎛)、ピコプランクトン(0.2~2.0㎛)である。0.2㎛未満の水生ウイルスは、フェムトプランクトンという独自のグループに分類される。極小なプランクトン、特にピコプランクトンやフェムトプランクトンの場合、これらのサイズに対応する顕微鏡に限界があることから、分類学的な識別は困難である。しかし、分子生物学的な技術が加わったおかげで、科学者たちは、最小プランクトン群にも驚くほどの多様性があることに気づき始めた。

ピコプランクトンは別名、バクテリアプランクトンとも呼ばれ、プランクトンの中でも最も小さなメンバーであり、シアノバクテリアやバクテリアなどがいる。これらの生物はそれぞれ、光合成栄養と従属栄養である。シアノバクテリアは光合成を行い、光放射からエネルギーを得て、無機物から有機化合物を合成することができる。他方、バクテリアは、有機炭素を消費してエネルギーを生成する。ピコプランクトンは非常に多様なグループであり、淡水域の動物を合わせたよりも多くの種がいる。

ナノプランクトン(微小プランクトンの中では中型グループ)には、原生生物、珪藻類、小型藻類などがいる。このグループには、光合成栄養生物と従属栄養生物の両方がいる。マイクロプランクトンは、サイズが最大の微小プランクトンで、ほとんどの植物プランクトン、ワムシ類、繊毛虫類、カイアシ類幼生で構成されている。

顕微鏡レベルでも、プランクトンにおけるグループ間の栄養関係は複雑である。大型(つまり顕微鏡レベルではない)動物プランクトンや、その他の動物種からなる広範な食物網を、微生物の構成要素から切り離すことは有用で、微生物ループを使うと、その相互作用を最もよく理解できる。

微生物ループ

海洋の有機物には、溶存有機物(DOM: dissolved organic matter)と粒状有機物(POM: particulate organic matter)の2種類がある。この分類は、単純にサイズによって決まる。0.45 μm未満の穴を通過したものはDOMと見なされ、それより大きなものは POMとされる。DOMのほうがはるかに豊富で、地球最大の有機炭素貯蔵庫のひとつでもある。

DOMとPOMは有機炭素の循環において重要な役割を果たし、微生物食物網を通じたDOMとPOMの流れを微生物ループと呼ぶ。このプロセスは主要な食物網と並行して機能し、相互に関連している。

植物プランクトンは表層で光合成を通じて有機炭素をPOMに固定し、POMは栄養段階を通じて草食動物や魚類に渡される。POMは、沈降粒子として深層に移送されることもある。これは、海面から炭素

下｜複雑な水圏食物網は、一次生産者である植物プランクトンとその一次消費者である動物プランクトンによって支えられている。

複雑な水圏食物網

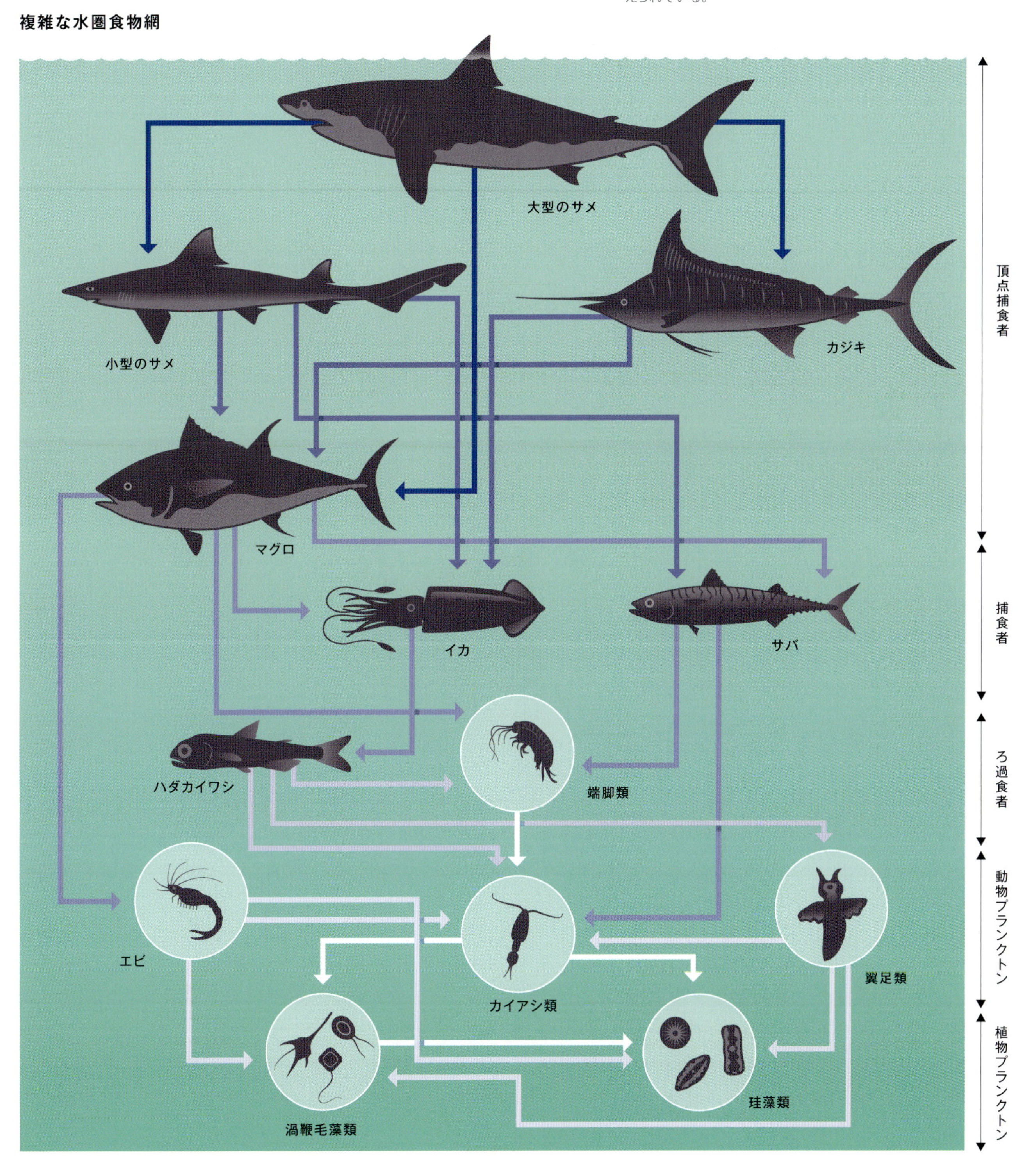

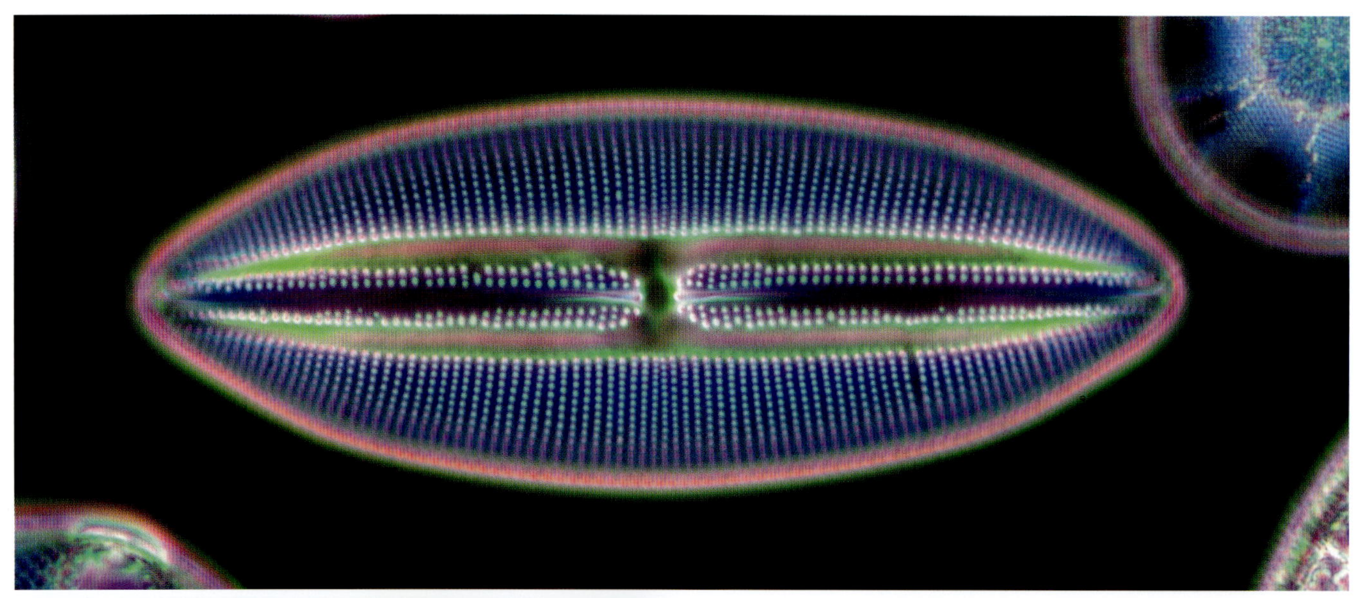

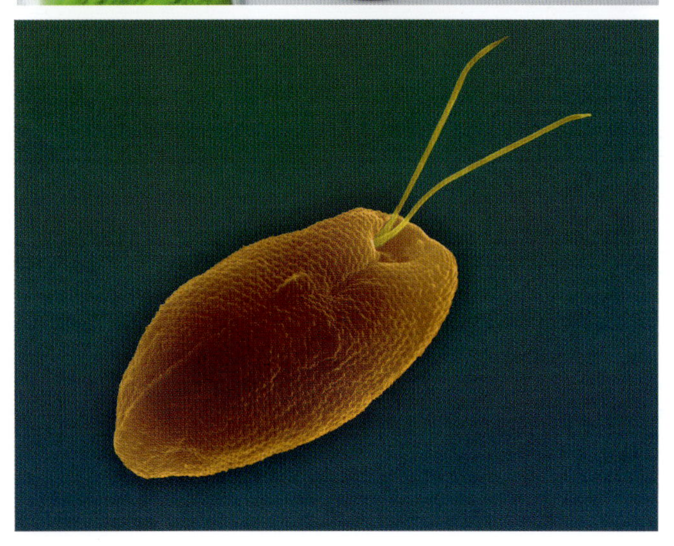

を除去し、海底の堆積物に隔離するための重要なプロセスである。

植物プランクトンも海洋にDOMを放出する。DOMは、植物プランクトンの生涯を通じて水中に拡散し、植物プランクトンが死んだ後も放出される。動物プランクトンが植物プランクトンを食べるとき、多くの物質が食べ散らかされるが、DOMも水中に放出される。微生物がウイルスに攻撃され、宿主細胞が死ぬときにも、同様のDOMの放出が起こる。より大きな生物も、その生活環を通じてDOMに貢献し、死後の分解過程でもDOMが放出される。

かつてこのDOMは、海洋生物にとってはほとんど役に立たない廃棄物であると考えられていた。バクテリアが酵素を使ってDOMを分解し、それをバイオマスに組み込むという認識は大きな進歩であり、微生物ループの概念が誕生するきっかけにもなった。

バクテリアは水柱に浮遊するDOMを漁り、以前は廃棄物だと考えられていた物質をエネルギー源として利用して自身の体を成長させる。これは二次生産と呼ばれるプロセスである。バクテリアは大量のDOMを消費して無機栄養塩を再生するため、植物プランクトンによるDOMの放出は二次生産とバクテリアの成長を促す。バクテリアが従属栄養のナノプランクトンやマイクロプランクトン、さらには一部の後生動物、例えば、尾虫類などに消費されることにより、DOMは食物網に再び取り込まれる。これらの生物は、さらに大型の動物プランクトンに捕食される。バクテリアにより、DOMから放出された炭

右｜微生物ループでは、バクテリアが呼吸によって炭素を放出し、有機物をリサイクルして食物連鎖に再び組み込むことができる。バクテリアは、分解されにくく、海底に隔離できる難分解性DOMの生成に貢献する。

p.162 上｜珪藻類はクロロフィルとカロテノイド色素の助けを借りて、光を動物プランクトン一次消費者のためのエネルギーに変換する。

p.162 中｜*Chroococcus turgidus*（クロロコッカス・トゥルジードス）などのシアノバクテリアは、クロロフィルa色素によるはっきりとした色彩からラン藻としても知られている。

p.162 下｜クリプト藻類は2本の鞭毛をもつ藻類である。一部は混合栄養生物で、光合成と、バクテリアの捕食によるエネルギー利用の両方が可能である。

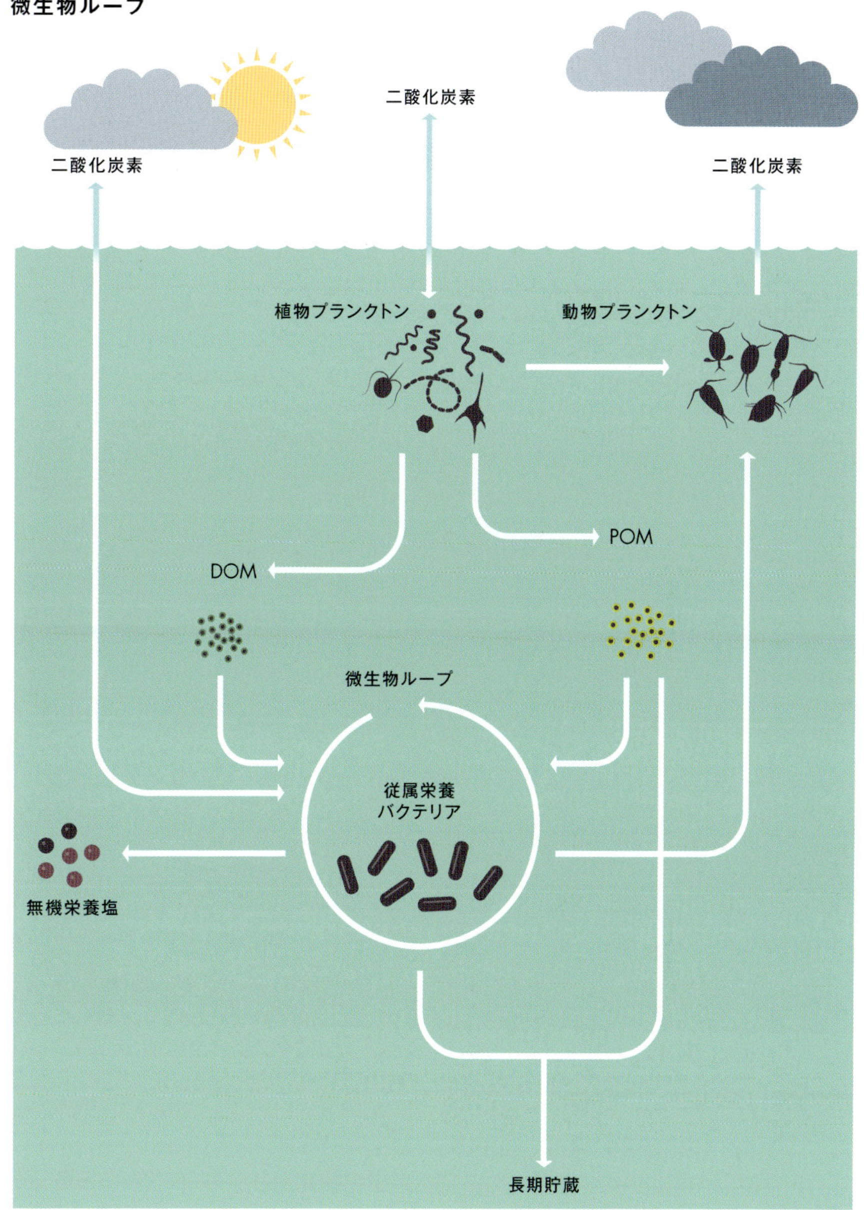

素は、最終的にはDOMおよびPOMとして食物網に戻り、微生物ループが閉じられる。

大型の植物プランクトンや動物プランクトンに比べて、個々のバクテリアのバイオマスは小さいにもかかわらず、バクテリアはずっと大きい表面積をもつ。おかげで水中において、その他の微生物よりも多くの化学物質に遭遇し、それを吸収している。現在、バクテリアは体積に対する表面積の比率が非常に大きいことから代謝が速く、その結果、炭素循環と水圏食物網へのバクテリアの貢献が極めて重要であることを科学者は認識している。

食物網に対するブルームの影響

藻類のブルーム（大量発生）は生態系における自然現象であり、食物網に恩恵ももたらしうる。例えば、温帯域の春季ブルームは、上位の栄養段階生物が餌とする藻類が大量に集殖する毎年恒例の重要なイベントである。しかし、プランクトンのブルームは、水圏食物網に深刻で有害な影響を及ぼす可能性もある。ブルームがあまりにも密集し、太陽光がプランクトンの層を透過できなくなると、生存に必要な光をその他の生物が得られなくなってしまう場合があるのだ。さらに、増殖したプランクトンは動物のエラを詰まらせて窒息させることもある。そして、ブルームが終わると、大量の藻類が分解されることによって水中から大量の酸素が消費され、その他の生物が摂取できる酸素量が不足することもある。ブルームは、魚類（時には数百万匹もの生物に影響を与える）や貝類、海鳥の大量死を引き起こす。

また、生態系に有害物質を放出することもある。シアノバクテリアは肝臓毒、神経毒、細胞毒、内毒素を生成するが、浄水場で飲料水からこれらを除去することは困難または不可能である。珪藻類は神経毒を生成し、食物網の過程で蓄積されると、とりわけ有害になる。神経毒は脊椎動物に発作を引き起こす。貝類や小型魚類に蓄積し、大型脊椎動物（人間を含む）がそれを摂取すると深刻な健康問題を引き起こし、死に至らしめることもある。

ナノおよびマイクロ草食者

微生物ループは、植物や動物のより広範な食物網と絡み合っている。マイクロプランクトンとナノプランクトンは、ピコプランクトンを消費することで、その個体群に直接の影響を及ぼし、従属栄養ナノプランクトンのような他のピコプランクトン消費者を捕食することで間接的な影響を与える。こうして、水圏環境におけるバクテリアの数を制御しているのだ。大型の鞭毛虫類と繊毛虫類は、小型の鞭毛虫類(およびバクテリア)を摂食する。次に、微小な動物プランクトンがナノプランクトンやマイクロプランクトンを摂食するため、食物網は拡大し、プランクトン群集のあらゆるグループにエネルギーが伝わる。

こうした微生物間の有機物の移動は、食物網の効率にとって極めて重要である。微生物ループは、食物連鎖の上位にいる多くの生物が通常は利用できないDOM(溶存態有機物)を、再び食物網にもたらす。この貴重なエネルギーは、バクテリアを食べるより大きなマイクロプランクトンに受け渡され、古典的食物網にも広範な影響を与える。

p.164 | 藻類のブルームは視認しにくいものもあるが、重度の場合は、この写真のように、北米のエリー湖の広大な水面上に目に見えるほど広がることがある。

上 | 有毒な赤潮のほとんどは渦鞭毛藻類によって引き起こされ、沿岸域の栄養塩バランスが崩れるような汚染によって発生する。写真はトルコに近いマルマラ海沿岸域。

THROUGH THE TROPHIC LEVELS 栄養段階を通して

次の栄養段階、つまり一次消費者は、多種多様な後生動物の動物プランクトンと、微小なナノプランクトンおよびマイクロプランクトンから構成されている。後生動物の動物プランクトンには、一次消費者と二次消費者の両方が含まれる。このグループには、ワムシ類、一時生プランクトン（例:棘皮動物や多毛類の幼生）、カイアシ類やそのノープリウス幼生などがいる。一時生プランクトンには、甲殻類、ウニ、ワームなど、多くの底生生物の幼生形態が含まれる。食物網におけるその役割は多様で、季節の影響を受けやすい。多くの動物プランクトンは植物プランクトンを食べる懸濁物食者だが、大型種は小型の動物プランクトンも食べる。

カイアシ類の幼生であるカイアシ類ノープリウス幼生は、海洋に最も豊富にいる後生動物であり、淡水生息域でも見られる。成体と同じような方法で餌を摂食し、はるかに小さいにもかかわらず、成体と同様の生態学的役割を果たしている。カイアシ類は、微小動物プランクトンの捕食者として、そして、魚類の餌として、食物網で重要な役割を果たしている。オキアミやクシクラゲ類などの大型動物プラ

ンクトンは、海洋における重要なタンパク質源である。これらの動物は、食物網の次の栄養段階、つまり二次消費者に主に属している。なぜなら、その餌の大部分は小型動物プランクトンで構成されているからである。小型浮魚類も重要な二次消費者であり、これらの魚種は小型動物プランクトンを摂食すると同時に、より大型の魚類や哺乳類、鳥類の餌でもある。海鳥、ホッキョクグマ、アザラシなどの大型動物も、食物網におけるプランクトンの役割に依存している。人間の漁業も同様である。

左下 | 多くの魚種は、食料の重要な構成要素としてオキアミに依存している。

下 | カイアシ類は、植物プランクトンの摂食者としても、より大型の動物プランクトン、クジラ類、魚類の餌としても重要な役割を果たしている。

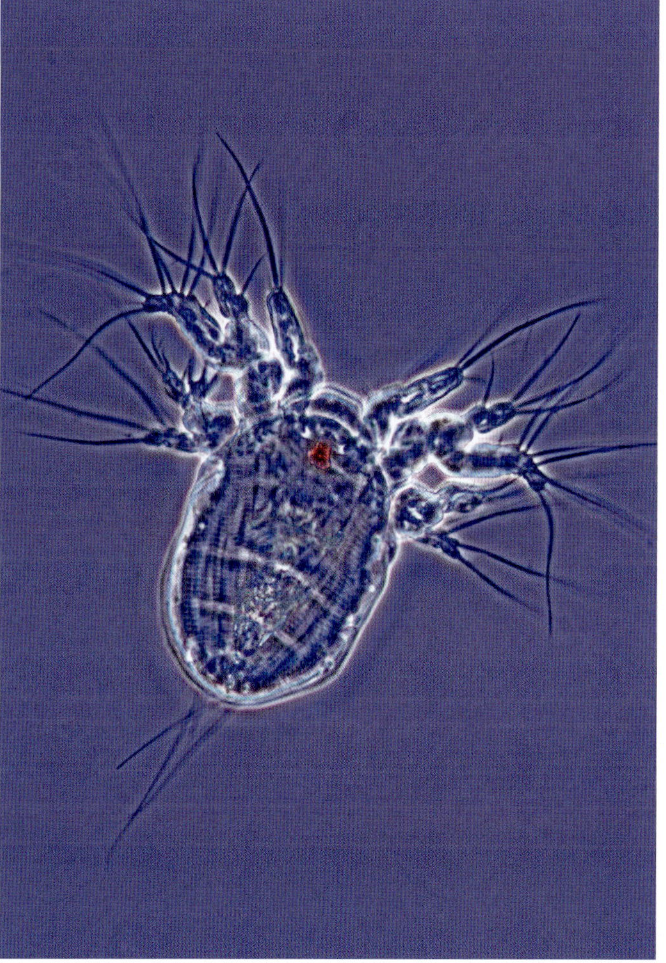

FEEDING HUMANS 人類への食糧供給

乱獲は、海洋生態系に多大な圧力をかけ続けている重大な問題である。魚類の個体数が減少するだけでなく、混獲によって、甲殻類(例:オキアミ)や十脚類(例:エビ)など、対象としない種が被害を受けることも多い。乱獲が海洋環境に与えるダメージを軽減することが世界的な急務となっているが、人口増加に伴いタンパク質の需要も高まっているため、その進展は遅れている。世界の水圏生息地を保護するには、動物の生産に対して、よりダメージの少ない方法を開発することが、これまで以上に重要になっている。

水産養殖は、魚介類の生産にとって、より持続可能な選択肢を提供しており、世界中の人々が消費する肉類のうち、すでにかなりの割合を水産養殖が占めるようになっている。水産養殖業は食糧安全保障にとって不可欠であり、魚類が人間の食生活に占める割合は今後さらに増加していくだろう。今日の養殖施設では持続不可能な方法が採用されているが、プロセスを改善すれば、水産養殖業は持続可能なタンパク質源を供給するだけでなく、陸上の食物から自然には得られない生物学的に利用可能な栄養素や脂肪酸を含むタンパク質も提供できる可能性がある。

漁業におけるプランクトン

水圏生態系におけるプランクトンの役割は、2つの理由から漁業にとって不可欠である。まず、養殖魚類の大部分はプランクトンに囲まれて、プランクトンを餌とする仔魚から生産されるということである。植物プランクトンも動物プランクトンも、漁業を支える一次生産と二次生産に不可欠である。自然の生態系と同様に、養殖システムにおける魚類の生活環にとってもプランクトンは不可欠であり、魚類に人工飼料を与える池であっても、それは同様である。プランクトンは幼魚や甲殻類の幼生など、初期発育段階での栄養補給に特に重要なのである。

養殖システムにおいては、微生物プランクトンの最適なバランスの維持が課題となっている。養殖池には多種類の植物プランクトンが存在すると思われるが、通常は少数の種が優勢となり、植物プランクトン群集の大部分を占めている。群集における、こうした種の構成は、数週間で急速に変化することもあるので、注意深く監視する必要がある。

潜在的な問題

水産養殖システムでは、植物プランクトンを制御するために水中の栄養塩濃度を監視しているが、特に肥料や人工飼料を使用するシステムでは、常に不均衡が生じるリスクがある。水域内の無機窒素とリンが多いほど、植物プランクトンの数も増えるが、このバランスがある植物プランクトン種に有利に傾くと、有害な藻類の大量発生を引き起こす可能性がある。

シアノバクテリア(藍藻類)など、一部の植物プランクトン種が過剰に増殖すると、悪臭や毒性のある物質が生成され、魚やエビに「不快な」匂いや味を付けることもある。これは養殖業者にとっては深刻な問題だ。風味の悪い魚やエビは加工業者に受け入れられないからだ。風味の悪い魚やエビの廃棄を防ぐために、生産者は通常、定期的に風味テストを実施する。シアノバクテリアを食べる魚種を、養殖している魚種と一緒に飼育し、藻類の大量発生のリスクを軽減しようとする生産者もいる。藻類の大量発生が起きた場合は、硫酸銅で水を処理し、この藻類を死滅させることもできる。

藻類のブルームは有毒化することもある。これは、富栄養化した湾や河口で、生物をケージで養殖する貝類養殖に最もよく見られる問題である。植物プランクトンが生成する毒素は軟体動物の健康にさほど影響を与えないため、その組織に蓄積する。それが人間にとって危険な量、あるいは致命的な量に達する可能性があるのだ。養殖生け簀でこれらの毒素生成藻類の成長を防ぐことは非常に難しいため、生態系に必要以上の餌を与えたり栄養塩を供給したりしないことが重要である

p.169 **左上·右上** | 世界の漁獲量は2022年に2億tに達した。2021年には3,300万t増加し、その後も増加傾向にある。

p.169 **左下** | スズキの養殖のほとんどは海中ケージで行われ、網を通じて海水の自然な交換が行われている。

p.169 **右下** | 有害な藻類が大量発生する環境中で箱やケージ内で養殖された貝類は、神経毒性のある貝類中毒を人に引き起こす可能性がある。

ウミクルミクラゲ *Mnemiopsis leidyi*

有櫛動物

ゼラチン質の動物プランクトン、ウミクルミクラゲは、大西洋沿岸の温帯や亜熱帯の河口が原産のクシクラゲ類の一種。クルミのような形をしたこの種は、さまざまな動物プランクトンの消費者として食物網の中で重要な役割を果たしているほか、魚類、鳥類、水生哺乳類といった大型動物の餌にもなる。この種は、黒海に誤ってもち込まれ、そこで繁殖して有害な外来種となったことが話題になった。

海の侵略者

この種は1980年代に、北米と南米の東海岸沿いの原産地から、船のバラスト水(船底に積む重しとして用いられる水のこと)に混入して黒海に運ばれた。このクシクラゲ類には個体数の増加を抑制する天敵がいないため、新しい生息地で急速に広がり、広範囲にわたる混乱を生態系に引き起こした。プランクトン、魚卵、仔魚を餌として急速に成長し、あっという間に食物網に壊滅的な影響を及ぼすほどになったのである。

ウミクルミクラゲは水産有用魚類の仔魚やこれらの主な餌であるプランクトンの両方を捕食し、黒海の水産有用魚類を枯渇させた。この種が漁業に与える影響は、ウミクルミクラゲを餌とする別のクシクラゲ類を導入することで、それ以来、制御されている。クシクラゲ類の動きを監視することは、その生理学的特性上困難である。体が小さく、ほぼ透明で、繊細なゼラチン状であるため、傷つけずにネットで捕まえるのは困難なのだ。ウミクルミクラゲがどんな速度でどの程度広範囲に広がっているのかは不明である。

p.171 | ウミクルミクラゲの体に沿って生える繊毛の列は光を屈折させ、その周囲に虹を出現させる。

科	カブトクラゲ科(*Bolinopsidae*)
分布	西大西洋原産だが、ヨーロッパの海域、特に黒海で侵略的である。
生息域	海水および汽水域。主に沿岸に生息するクシクラゲ類として知られているが、深海でも記録されている。報告されている最大水深は100m。
食性	魚卵や仔魚、動物プランクトンを積極的に捕食する。毎日、自身の体重の10倍まで食べることができる。餌の不足時には、体のサイズを縮小することで3週間は生存できる。
備考	クシクラゲという名は、体に沿って走る水中での移動を助けるくし状部が由来。
サイズ	成体は最長12㎝になる。

ヨコエビ *Themisto gaudichaudii*

甲殻類

南極の遠洋生態系に生息するすべての生物は、海氷があったり、年間の光周期による季節変動があったりするような（日光が、冬には数日から数か月間、まったく差さないことがある一方、真夏時には真夜中でも太陽が見えることがある）極端な条件に適応している。このような環境変化のせいで、植物プランクトンは毎年、短期間に集中的に増殖する傾向がある。これは、動物プランクトンの餌の入手可能性が季節によって大きく変わることを意味し、これに対応するため生物は代謝、生活環、食性に関しさまざまな適応を発達させてきた。

このような極限の条件に生息する生物、特にカイアシ類のような一次消費者に共通する適応のひとつは、生産力の高い月に脂質としてエネルギーを蓄える能力を高め、その後、生産力が低い季節に、繁殖や生存のために必要に応じて蓄えたエネルギーを放出することだ。これは南極の生物の食物網全体にとって、年間を通じてエネルギーの供給を確保するための重要なプロセスである。

脂質リンク

ヨコエビは、南極の食物網において、特に重要な役割を担う甲殻類である。肉食種であるこの生物は、年間を通じて広くエネルギーを摂取するため、草食種ほどは脂質を蓄えない。しかし、主に植物プランクトンを食べる動物プランクトン（一次消費者）と食物連鎖の上位にいる捕食者との間で脂質を移動させるうえで、極めて重要な役割を果たしている。

ヨコエビは、食物網において肉食動物プランクトンが果たしている重要な役割を示す好例である。南極海に個体数が多く、これらの二次消費者は主にカイアシ類を食べる。また、魚類、ペンギン、海鳥などの上位捕食者にとっても重要な餌源であり、極寒の条件下でも年間を通じて十分なエネルギーを確保することに役立っている。

p.173｜南極海の食物網の重要な一部であるヨコエビは、亜南極域に南極の水塊が存在することを示す際に利用できる。

科	クラゲノミ科（*Hyperiidae*）
分布	南大洋、亜南極域、南極域
生息域	水深100～400mの海域
食性	カイアシ類の重要な捕食者
備考	ヨコエビは、南極海にいる多くのプランクトン食性海鳥の主要な餌であり、さらに南に生息するナンキョクオキアミに似た栄養上の役割をもっている。
サイズ	幼体は2～4㎜、成体は約2.5㎝。

カイミジンコ *Conchoecissa ametra*

甲殻類

貝形類は世界中の海で豊富に見られる重要な甲殻類である。カイミジンコをはじめとする浮遊性貝形類のほとんどは、明らかな目をもたないものを意味するハロキプリダ目(Halocyprida)に属する。その他のすべての貝形類と同様に、カイミジンコの体も完全に甲羅でおおわれている。成体は7対の脚をもつが、幼体の場合はそれより少ないか、部分的にしか発達していない。甲殻類であるため、成体に変態する前に、成長過程で何度も脱皮する。

深海の住人

カイミジンコはデトリタス(水生生物の死骸やその分解物、排泄物などのくず)食者で、コンコエシッサ属(*Conchoecissa*)の種は、沿岸域よりも海洋域で採集された標本によく見られる。ハロキプリダ目の種は、通常、深海、外洋、潮間帯などの海洋環境に生息している。これらの種は、水柱や海底にいるものが記録されており、熱水噴出孔などの極限環境で生き残るために適応したものもいる。デトリタス食者として食物網の中で重要な役割を果たしているが、植物プランクトンや小型動物プランクトンも食べる。

海の清掃員

ハロキプリダ目などの貝形類は、有機デトリタスを摂取することで、海洋環境における栄養塩の再生に貢献している。海洋のデトリタス食者は、枯死した植物や死んだ動物や廃棄物を分解し、栄養塩を再生する。ハロキプリダ類は、大型生物にとっても重要な食料源である。魚類や甲殻類などのろ過食海洋動物は、餌の一部としてハロキプリダ類を摂取する。

p.175 | 深海に生息するカイミジンコには目がなく、体は甲羅に包まれている。

科	ハロキプリス科(*Halocyprididae*)
分布	太平洋、インド洋、大西洋の一部海域
生息域	水深1,500mまでの外洋域
食性	有機堆積物、円石藻類、放射虫、甲殻類、有鐘繊毛虫類を食べるろ過食者。
備考	体は鮮やかな緋色だが、発見される深海には赤い光がないため黒く見える。
サイズ	3.3～4.6㎜

フトイトゼニケイソウ *Thalassiosira rotula*

珪藻類

植物プランクトンはすべての水圏食物網の基盤を形成し、大気中の二酸化炭素を生物学的な物質に固定する重要な役割を果たしている。ニセコアミケイソウ属（*Thalassiosira*）に属する珪藻類は、海洋の一次生産において、かなりの割合を担っている。条件が整うと、これらの珪藻類は急速に分裂して巨大なブルームを形成し、炭素循環で重要な役割を果たすことがある。栄養塩が枯渇してブルームが死滅すると、細胞は水柱内で沈降し、最終的に炭素を海洋深部に隔離する。炭素循環における珪藻類の役割は、全熱帯雨林が果たしている役割を合わせたものに匹敵するという説もある。

耐寒性のブルーム

冷たく濁った水域における食物連鎖の重要な構成要素であるフトイトゼニケイソウは、鎖状群体を形成する光合成珪藻である。この種と、100種以上いる本属のその他の種は低温と弱光条件によく適応していることから、特に重要な一次生産者である。こうした最適ではない条件でも繁殖できるため、ニセコアミケイソウ属の種は、北ヨーロッパの海のような温帯地域では春によく大量発生する。

フトイトゼニケイソウの個々の細胞は円盤状（この大規模な属のその他の種は円筒形、球形、または箱形）であり、太い糸の束でできた防御鎖を互いに結合して形成する。動物プランクトンには植物プランクトン単一種の大量発生を制御できるものがいるが、この構造により、そうした動物プランクトンによる捕食から逃れることができる。この属の生物は世界中のさまざまな生息域で見られ、特に温帯域および極域の食物網にとって重要である。

p.177 | フトイトゼニケイソウは、キチン質の糸の太い束が各細胞珪藻から伸び、個体どうしを結び付けて長い鎖状群体を形成する。

科	タラシオシーラ科（*Thalassiosiraceae*）
分布	主に温帯域で見られるが、同種の可能性がある *T. gravida*（タラシオシラ・グラビダ）と併せて考えると、さらに広範囲に分布している。
生息域	沿岸の浅い海域の生息域で主に見られる。
食性	光合成を通じて二酸化炭素を固定する一次生産者。
備考	小さなゲノムをもつため、ニセコアミケイソウ属の生物は分子生物学的研究に利用され、珪藻類と、その他の真核生物との重要な違いが明らかになった。
サイズ	8～55㎛

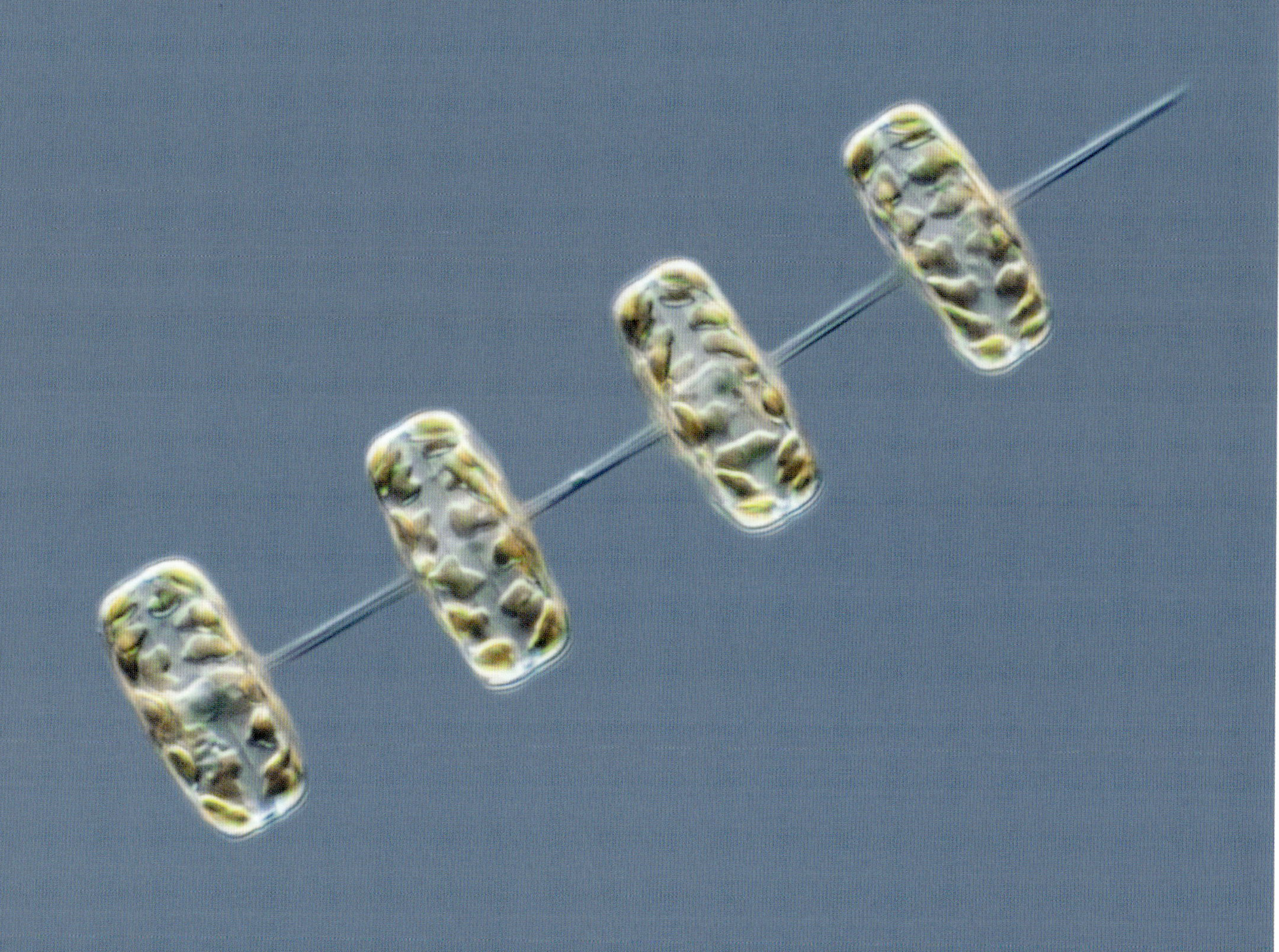

アステリオネロプシス属 *Asterionellopsis sp.*

珪藻類

アステリオネロプシス属は、針状の突起をもつ繊細で複雑な形状の珪藻類の属である。鎖状または群体状で見つかることが多く、個々の細胞は殻面で結合したり、リボン状の鎖を形成する。本属の種は、沿岸域や外洋域に生息する重要な一次生産者であり、太陽からのエネルギーを動物プランクトンや、さらに上位の栄養段階にある、その他の生物に伝達するなど、海洋食物網において重要な役割を果たしている。また、死んだあとに水柱で沈降する際に大気から二酸化炭素を取り除き、海底の堆積物に蓄えるため、炭素循環における役割も大きい。

ブルーム（大量発生）を起こす珪藻

この属のいくつかの種は大規模なブルームになる可能性があることが報告されている。アステリオネロプシス属が引き起こすような植物プランクトンのブルームは、沿岸域でますます一般的になっている。農業活動による汚染などの人為的活動によって引き起こされる富栄養化(p.189参照)は、こうした生息域に影響を及ぼす可能性がある。リンや窒素などの栄養塩の増加は、アステリオネロプシス属などの珪藻類にとって好ましい条件をつくりだし、その他のプランクトン種を凌駕させることでブルームを引き起こす。沿岸域で生じる珪藻類のブルームは、すべての緯度で頻繁に報告されるようになっている。

ブルームは海洋生態系や漁業生産を脅かすだけでなく、人間の健康にもリスクを及ぼす。アステリオネロプシス属のブルームはプランクトンの動態に影響を及ぼすことが分かっている。場合によっては、一時生プランクトンが優勢となり、ブルームのピーク時には、カイアシ類の主に肉食性の種が、主に草食性の種を著しく上回ることがある。プランクトン群集のバランスが変化すると、ブルーム期に食物網のその他の部分に影響を及ぼす可能性がある。

科	オビケイソウ科（*Fragilariaceaet*）
分布	寒帯から温帯の沿岸域に広く分布している。
生息域	浅い海域
食性	光合成を通じて太陽の光をエネルギーに変換する一次生産者の珪藻。
備考	アステリオネロプシス属の種は、古環境の指標としても重要であり、その化石化した残骸は海底の堆積物に保存され、過去の条件の再構築に役立つ。
サイズ	30～150㎛

p.179 | ホシガタケイソウ（*Asterionellopsis glacialis*）の鎖状群体。それぞれの棘は個々の珪藻細胞から伸びている。

ディノブリオン（サヤツナギ）属 *Dinobryon* sp.

黄金色藻類

ディノブリオン属は、淡水と海水の両方に生息するプランクトンで、体に円筒状、円錐状、または壺のような形をしたロリカ（殻状の層）がある。ディノブリオン属の生物は、黄金色藻綱（Chrysophyceae）に属し、黄色がかった葉緑体をもつことから黄金色藻と呼ばれている。これらの藻類は、枝分かれした樹状のコロニーを形成。そのせいで、動物プランクトンにとっては食べづらくなるようである。

混ざった餌

ディノブリオン属の多くの種は混合栄養生物であり、光合成と摂食栄養（この場合はバクテリアなどの細胞または粒子を飲み込んで摂食すること）の両方からエネルギーを得ることができる。湖、河口、沿岸海域に生息するディノブリオン属の種は淡水環境に多く見られ、貧栄養湖でバクテリアの草食動物として特に重要な役割を果たしている種もある。光合成ができるにもかかわらず、ディノブリオン属の混合栄養種は、一部の従属栄養鞭毛虫と同等の速度でバクテリア種を消費することもできる。

富栄養化によるブルーム

ディノブリオン属の種はストマトシスト（珪酸質の細胞殻のある胞子）を形成する。これにより硬い細胞殻で身を包み、厳しい環境条件の期間中に身を守ることが可能になる。この胞子により、休眠状態を続け、条件が改善すると再び出現できるようになって、摂餌や物理的条件の変化から身を守ることができる。水温が上昇したり、栄養塩濃度が改善するなど、環境がより好ましい状態になると、ディノブリオン属の個体群は再び出現し、表層に浮上して急速に繁殖する。

温帯域において、これは通常水の暖かい春から夏にかけて起こるが、ディノブリオン属の種はブルームを形成する可能性もある。日光が潤沢で富栄養化した水域で、最もよく繁殖する傾向があるからだ。ディノブリオン属の種は動物プランクトンによる捕食に対する防御力をもつことから、ブルームは急速に成長する。いくつかの種には棘や剛毛があり、コロニーは長い形状になり、粘液状の鞘をもつため、摂食することが非常に難しいのだ。

科	サヤツナギ科（*Dinobryaceae*）
分布	全世界に広く分布しているが、温帯地域でより一般的。
生息域	比較的貧栄養な湖の有光層に特に豊富。
食性	混合栄養で、光合成を行い、他に有機物も食べる。
備考	サヤツナギ属の各種は独特な珪酸質のストマトシストを形成。これが識別の手助けになる。
サイズ	20μm

p.181 | ディノブリオン属の樹木のようなコロニーには、内部に金色の葉緑体のある花瓶のようなロリカが多数ある。

CHAPTER 6

FACING THE FUTURE

未来に立ち向かって

プランクトンによって活性化される海洋生態系は、地球の気候の調節に役立っている。気候変動を緩和して地球上の動物の生存を確保する上で、プランクトンの保護を徹底することが不可欠になっている。浮遊生物の多様性を維持することは、地球の生物多様性と一次生産に大きく貢献し、ひいては世界経済にも影響を与えている。

海洋生物圏は広大で複雑で多様であり、陸上の生態系に比べると研究が難しく、その構成要素も十分には理解されていない。推定1,000万種いる海洋生物のうち、記録済みのものは約23万種にとどまっている。地球の水圏環境については、ほとんど明かになっていないため、人間の活動がこうしたシステムに将来、どのような影響を与えるか、また、そうした変化がどれほど広範な影響を及ぼすかを予測することは困難である。

人間の活動によって水圏環境がどのように脅かされているのか、そのさまざまな道筋を検討することは、科学者たちが、プランクトン群集がどんな圧力を受けているのかを理解し、そうした脅威が増大したときに、この群集がどう反応するのかを予測することに役立つ。水圏生態系に対する人間由来の圧力には、土地転換による生息域の喪失、魚類や海洋無脊椎動物の過剰利用、外来種、気候変動（地球温暖化など）、海洋酸性化、汚染、鉱物採掘などがある。

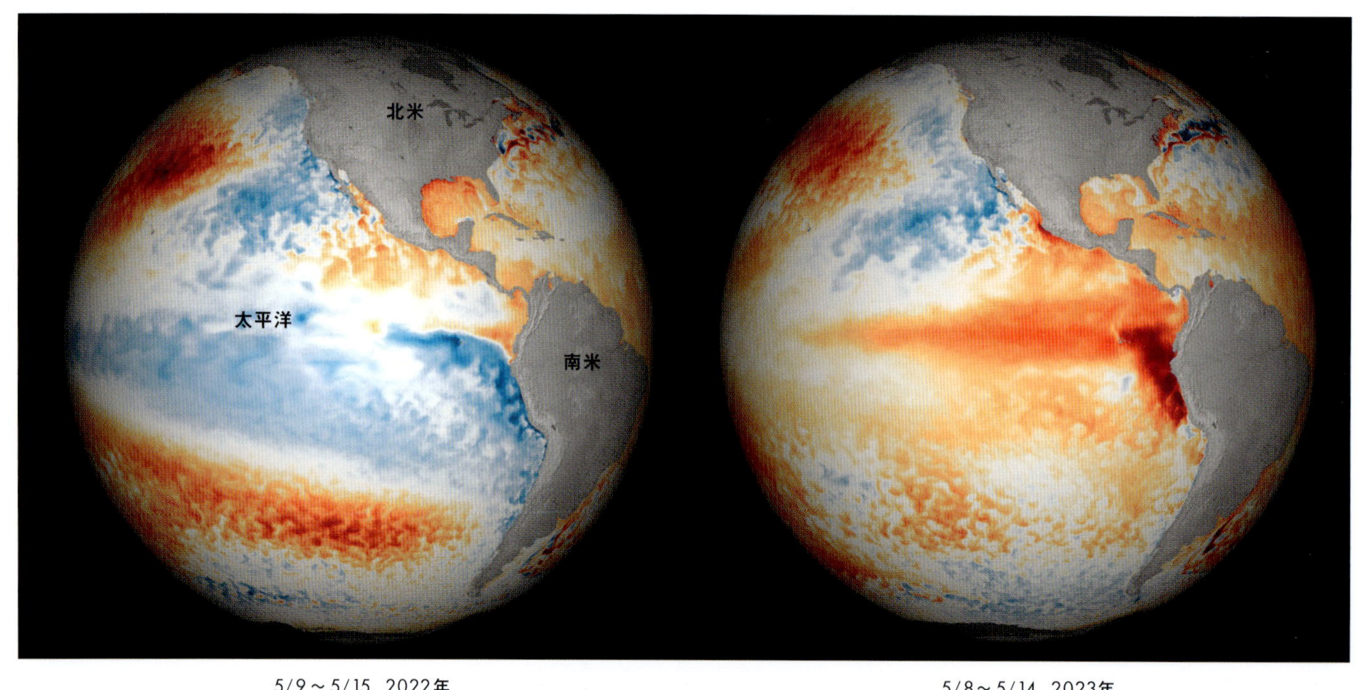

5/9～5/15, 2022年　　5/8～5/14, 2023年

海面水温異常
(参照期間:1985～1993年)

≤-5°C　0　≥+5°C

CLIMATE CHANGE 気候変動

プランクトンと気候変動が関連していることは、すでにだれもが知っている。長期にわたる調査により、世界中のさまざまな場所でプランクトン群集に体系的な変化が起きていることが明らかになっており、例えば、ナンキョクオキアミの分布は過去90年間で大幅に縮小したが、この変化は気象条件の変化と海氷面積の減少に関連している可能性が高い。気候変動に直面したことで動物プランクトンの群集にも変化が報告されており、その影響は海洋環境に限定されていない。

最近報告されたプランクトン個体数の変化の多くが気候変動と関連していると見られているが、具体的な原因は必ずしも明確になってはいない。重要な要因は、海洋混合と地球温暖化だとする説もある。気象イベントの激化と頻度の増加は海洋混合に影響を与え、それは、光のレベル、表層水温、栄養塩循環に波及する。どれをとっても植物プランクトンの生産力(そして、栄養段階の上位にあるすべてのプランクトンと海洋生物)にとって重要な要素である。同時に、水温上昇は一部の種を他の種よりも有利にし、群集の構成の変化やプランクトンの分布に変化をもたらす。

海洋の温暖化

海洋はこの800万年の間に徐々に冷えてきたのだが、最後に今と同じくらい暖かかった時期、つまり冷却の開始前、プランクトンは現在の生息域から3,200km離れた場所に生息していた。地球温暖化は800万年の時を飛び越え、海洋を急速に元に戻してしまったのだ。そして生物たちには、それに適応する時間はなかった。海洋の水温が上昇し続けるにつれ、プランクトンの移動パターンは熱帯域から極域へと移行することが予測される。温暖化に関連した大きな変化としてはその他に、生物季節学的変化（生物季節学：生物の活動周期と季節との関係を研究する学問）や体サイズの縮小が挙げられる。こうした変化はプランクトンの個体数、ひいては食物網全体における、その他のさまざまな海洋生物種の減少につながる可能性が高い。

水温の上昇とともに、さまざまなプランクトン種の生息範囲がすでに拡大している。例えば、一次生産者であるケラチウム属（*Ceratium*）は、多くの種が、より暖かい水域へ分布拡大している。科学者たちは季節変化も観察しており、高緯度においては、珪藻類に対する渦鞭毛藻類の比率の減少が、夏季の風力増大に伴う表層水塩の上昇によるものだとしている。

海洋の温暖化により、草食の動物プランクトンよりも植物プランクトンの分布のほうが劇的に変化している可能性がある。また、終生動物プランクトンよりも一時生動物プランクトンのほうが影響を受けそうである。気候変動への適応率の違いも、水圏食物網に混乱をきたす可能性があるため懸念されている。低次栄養段階の生物の個体数が、捕食者の個体数とは異なる時期にピークを迎えると、食物網を通じて伝達されるエネルギーが減ってしまうのだ。

世界の海面温度の上昇

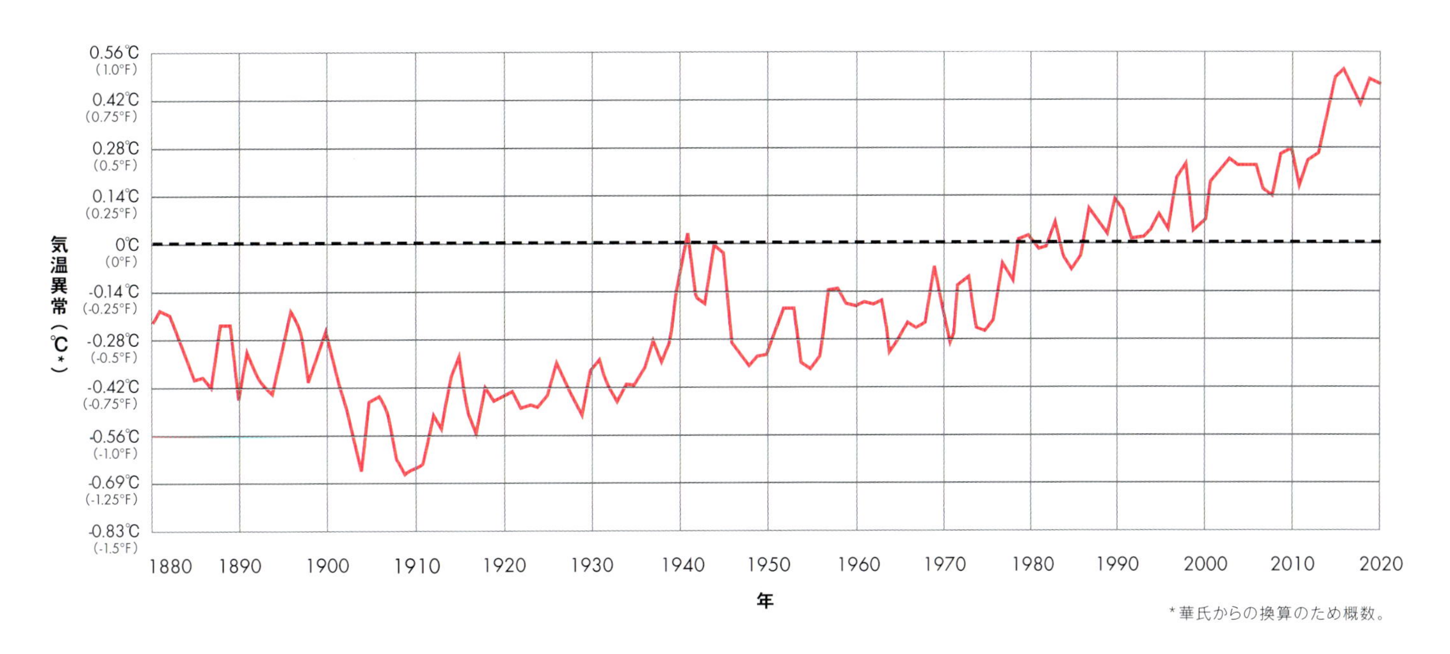

p.184 | 地球の海洋の表層水温は最近、過去最高を記録した。この画像は、1985～1993年の基準期間と比較した 2022年5月と2023年5月の海面水温を示したものである。

上 | 1880年代以降、世界の平均海面温度は約0.8℃以上上昇した。

OCEAN ACIDIFICATION

海洋の酸性化

大気中の二酸化炭素の増加に伴い、海洋のpHは低下している。その防御になんの対策も講じなければ、過去3億年間で起こった最も大きな変化が水のpHに生じることが予想されている。この変化がプランクトンにどのような影響を与えるかについては、海洋科学界でも注目の話題である。複雑な変数が多数存在するため、これほど大きな変化による影響全体を予測することは困難なのである。

植物プランクトンによる光合成は、溶存する二酸化炭素の増加によって促進される。よって今後、数十年間に大気中の炭素が増加し続けるとすれば、海洋プランクトンはますます有用な吸収源となるであろう。残念ながら、予測される変化の全体的影響はそれほど単純ではない。プランクトンの種類によって二酸化炭素濃度に対する感受性は異なる。二酸化炭素濃度が上昇すると、一部の種が他よりも優位になり、食物網全体の群集の構造と動態が変化する可能性がある。

さらに複雑なことに、円石藻類などの植物プランクトンは重炭酸塩を使って炭酸カルシウムを生成するが、それが二酸化炭素濃度を上昇させることから、大気中の二酸化炭素のさらなる発生源となることもある。酸性化は、一部のプランクトン（円石藻類など）の外骨格形成能力を阻害し、動物プランクトンやピコプランクトンの群集にも影響を及ぼす可能性がある。

海洋酸性化の仕組み

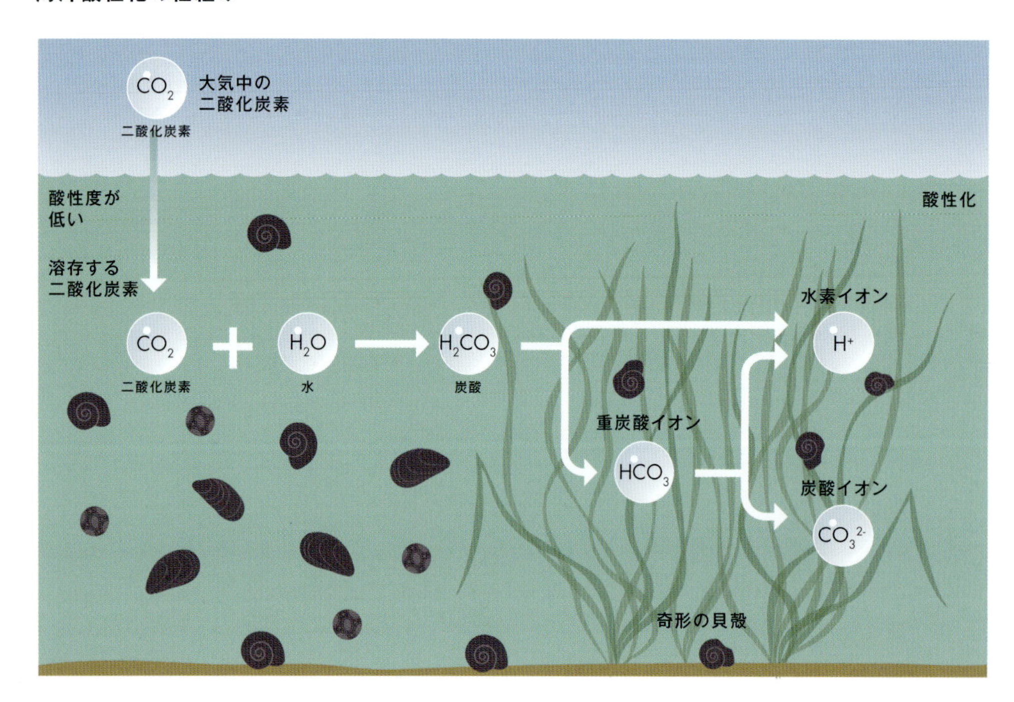

上 | 水のpH低下は円石の構造品質、円石藻が消化されやすくなる可能性もある。

左 | 溶存する二酸化炭素が増加すると、重炭酸イオンと水素イオンの濃度が上昇し、炭酸イオンが減少する。これらの変化が組み合わさって酸性化が起こる。

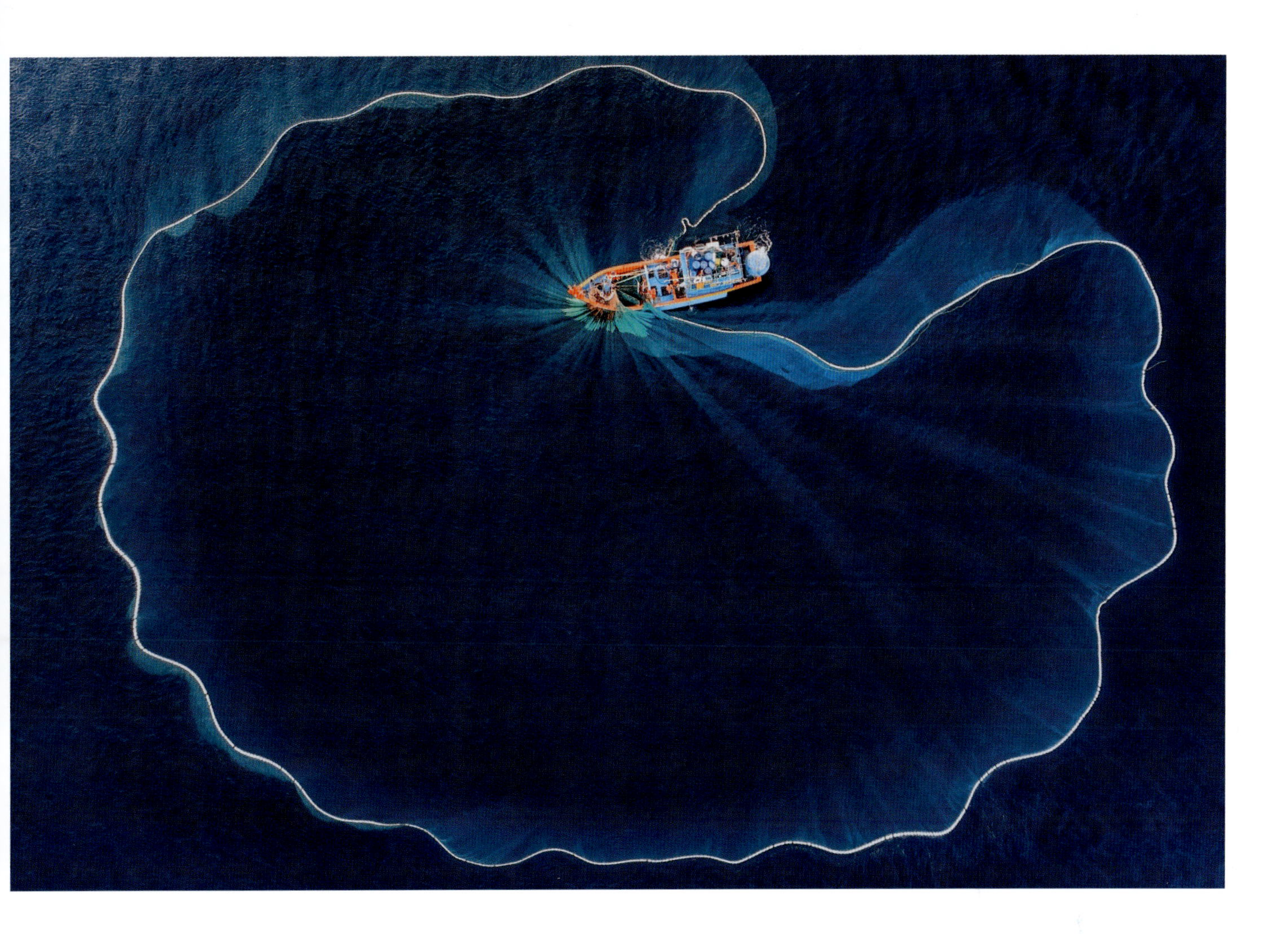

上 | 巨大な網を使って魚を捕る漁師たちの空撮写真。世界中で乱獲される魚の数は、この50年間で3倍に増加した。

OVERFISHING 乱獲

魚類や海洋無脊椎動物の過剰漁獲は長い間、生物多様性喪失の主な原因となってきた。大型魚の個体数がすでに激減していることから、商業漁業は海洋の深海や栄養段階のさらに低い種へとシフトしている(小型種や草食種への依存度が高まっていることから「食物網における漁獲対象の低次化(fishing down the food web)」と呼ばれている)。漁獲量の3分の1が、復元力の生物学的限界を超えたと推定されているが、その影響は漁業の対象魚をはるかに超え、その他の種にも及んでおり、混獲によって魚類が殺され、漁具によって生息域が破壊され、漁業廃棄物が汚染を悪化させ、食物網における魚類の減少という波及効果を及ぼしている。商業漁業の対象が頂点捕食者になると、栄養段階の下向きの連鎖反応が引き起こされ、その影響はプランクトンにまで及ぶことになる。

漁業による乱獲がプランクトンに与える影響は、気候変動による環境変化によってさらに大きくなる。例えば中央バルト海では、人気の高い商業魚であるタラは塩分低下に直面すると、乱獲から回復しにくくなった。この時、水温の上昇とタラによる捕食圧の低下により、アカルチア属のカイアシ類とスプラット(ニシン科の魚)の個体数がどちらも増加した。こうした変化によって、生態系における栄養段階の大幅な再構築が起こっており、これは栄養段階の低次への波及によるもので、動物プランクトン個体群にまで影響を及ぼしたのである。

MINERAL EXTRACTION
鉱物の採取

砂、シルト(沈泥)、泥、そして、チタン鉄鉱やダイヤモンドのような鉱物を豊富に含む砂などの資源を求めて水域を採掘することは、プランクトン群集を含む生態系全体に悪影響を及ぼす。水域での掘削や浚渫(しゅんせつ)(港湾、河川などの底面を掘りあげて土砂などを取り去る土木工事のこと)のプロセスは、生物に直接的な害を及ぼし、環境を変化させる。河床や海底が破壊され、掘削によってこれらの生息域が台無しになることがあるのだ。特に卵や幼生(一時生プランクトンを含む)にとって重要な場所であることから、その種の遷移に影響を与える可能性がある。物理的な採掘過程は水を濁らせ、堆積物を増加させて光の透過を減少させる。これにより、植物プランクトンによる一次生産が妨げられ、プランクトン群集に変化が生じることもある。光不足の状態に対し、極めて敏感な種がいるからだ。

陸上での採掘作業は、近くの水圏生態系にも悪影響を及ぼす。重金属、無機粒子、有毒物質は水域に放出されることが多く、その結果生じる水質の変化は、プランクトンの成長と繁殖に悪影響を及ぼす可能性がある。動物プランクトン群集は、植物プランクトンに付着した無機粒子を摂取することでも影響を受ける。餌の栄養価が低下し、成長が抑制されることがあるのだ。採掘活動による流出も栄養塩の不均衡を起こし、植物プランクトン群集の構造を変化させ、場合によっては有害な藻類の大量発生を引き起こす。

深海採掘

先端技術に使用される金属のグローバルな需要の増加に伴い、未開発の深海鉱床(資源として利用できる元素や石油·天然ガスなどが濃縮している場所)の採掘への圧力が高まっている。深海技術の発展により、こうした採掘プロジェクトがより実現可能になり、多額の資金が投じられている。この見通しは現実的なものとなっているが、環境への影響は甚大で、多くの深海生物が科学によって認知される前に失われてしまうかもしれないという点で科学者たちの意見は一致している。

このプロセスは水柱全体にわたって鉛直および水平の両方向に深刻な環境被害を引き起こし、生物多様性や生態系機能に大きな損失を生むことが予想される。海底の生息地が破壊され、堆積物が煙のように巻き上げられて混乱を引き起こし、大量の騒音や光害、汚染物質が水質を変える可能性もある。こうした事象のすべてがプランクトン群集に影響を与えうるのだ。

右 | 銅鉱山周辺の水系は銅酸によって汚染され、水が赤くなり、環境被害が引き起こされる可能性がある。

EUTROPHICATION 富栄養化

富栄養化は陸水と海洋の沿岸システムにおける汚染の主な原因のひとつとなっている。富栄養化の頻度と範囲は人間の活動、特に農業における肥料の使用増加によって増大している。栄養段階の変化は水圏生態系の動態の変化を引き起こし、多くの場合、植物や植物プランクトンを過剰発生させている。特に、富栄養化は藻類の大量発生につながり、生態系の構造や栄養塩循環、食物網を変化させ、水域の商業的、娯楽的利用を変化させている。

富栄養化を制御するための現在の戦略（消費者によるトップダウン制御と栄養塩の流用や藻類駆除剤の適用といったボトムアップ・アプローチなど）は、非現実的で高額で、効果を発揮しない傾向がある。きれいな水への需要は人口増加とともに高まる一方であるため、栄養塩の投入を最小限に抑え、より効果的な富栄養化の管理方法を開発することにより、こうした貴重な資源の保護を優先して行わなければならない。

下｜藻類の大量発生時に植物プランクトンによる炭素吸収が増加すると、水のpHが上昇し、プランクトンの成長に悪影響を与える可能性がある。

ORGANOCHLORINE POLLUTION 有機塩素系殺虫剤による汚染

有機塩素系殺虫剤は、農業や公衆衛生の分野における害虫駆除に何十年もの間、広く使われてきた。環境規制により使用は制限されているものの残留性があるため、この農薬は依然として世界的な懸念事項となっている。水中に残存して水圏生物を中毒化させ、水生および陸生の無脊椎動物と脊椎動物の組織に蓄積する。プランクトンは、海洋における有機塩素系殺虫剤粒子の拡散の大きな原因となっていることが確認されている。

この化合物は動物プランクトンを直接、害するわけではないが、動物プランクトンはその粒子を水平方向と鉛直方向に拡散させ、食物網にもち込むのだ。この毒素は各栄養段階に蓄積し、動物、特に頂点捕食者に害を及ぼし、場合によっては死に至らしめる。甲殻類は動物の中で最も昆虫に近いため、殺虫剤の影響を特に受けやすい。

有機塩素系殺虫剤は、海洋植物プランクトンの光合成も減少させる。一部の植物プランクトン種はその他の種よりも農薬からの影響に敏感なので、一次生産者の群集の構成、ひいては高次の栄養段階に変化が生じることもある。

上｜一般的な有機塩素系殺虫剤は1970年代にアメリカとヨーロッパで禁止されたが、発展途上国では今も使用されている。

PLASTIC POLLUTION プラスチック汚染

プラスチック汚染は、一次生産や炭素隔離を含む海洋食物連鎖のあらゆるレベルに影響を与えることが分かっている。プラスチックの大きな破片は、食べられたり、物理的に絡まったりして海洋生物に害を及ぼす。マイクロプラスチックとナノプラスチックは研究しにくいテーマだが、大問題であり、状況が悪化していることは明らかである。現在、海洋生息域には推定約10^{14}個のマイクロプラスチック粒子が漂っており、水域を汚染する量は毎年数百万トン規模で増加している。

浮遊プラスチックは海面に蓄積し、海面下の植物プランクトンへの光の透過率を低下させ、その結果、一次生産を減少させる。高濃度のマイクロプラスチックは植物プランクトンの成長に悪影響を及ぼすが、粒子サイズが小さいほど有害になる。プラスチックの大きな破片が時間の経過とともに水中で分解し、破片化するとマイクロプラスチックの量が増加することを考えると、この点は重要である。マイクロプラスチックから出る毒素は動物プランクトンにも害を及ぼし、マイクロプラスチック粒子はその他の汚染物質と結びつき、生物が食べたときに、その組織に運ばれる。さらに、動物プランクトンはマイクロプラスチックを摂取すると満腹になってしまうため、栄養摂取量も減少する。これは個体群レベルで連鎖反応を引き起こし、卵が小さくなったり、繁殖しづらくなったりする。

左上 | マイクロプラスチックとそれに関連する毒素は、食物連鎖の上位にいる海洋動物の体内に蓄積する。

左下 | 海洋に漂う大型プラスチック汚染物質（20cm以上）の大部分は、漁業で使われた網などの廃棄物である。

右 | このクラゲのような大型動物プランクトンにとって、プラスチックが物理的に絡むことは深刻な脅威になりうる。

HOW PLANKTON ARE RESPONDING プランクトンの応答

水圏環境はすでに顕著な変化を遂げている。人間の活動はプランクトンに環境ストレスを与え続けている。その例としては、水質や水温、栄養塩供給、光の透過率、pHを変化させたり、プランクトンに直接的な物理的脅威を与えたり、その他の栄養段階への脅威を与えることで間接的な影響を及ぼすことがなどがある。その結果、プランクトンの季節的な分布、移動、群集構造に調整作用が起きていることが報告されている。これまでのところ、変化する環境に適応できたり、結果的に繁栄できた分類群もあったとはいえ、人類の活動が今後、水圏に及ぼす影響の範囲は、プランクトンの個体群に深刻な混乱を引き起こす可能性があり、広範囲な絶滅も予想されている。

生物多様性は、生態系の安定化における鍵となる。人為的な変化が続けば、将来、プランクトンの多様性が減少しそうなことも広く認識されている。プランクトン群集が、変化する物理的、化学的、環境的要因に応じて再編成されたとしても、太古から築かれた多様性のバランスは失われてしまう。この不安定さは、今世紀末までに、食物網や地球の気候システムなどにも広範に影響を及ぼすことが予想されている。

いくつかの変化については議論の余地のない証拠はあるものの、プランクトンが環境の変化にどう応答するかについてはまだ、未知の点が多い。熱帯および南半球のプランクトンの生物季節学については長期的な研究が不足している。例えば北半球で、動物プランクトンの摂食速度や排泄速度など、炭素循環における重要な変数に人為的活動がどのように影響しているのかは不明だ。海洋における生物ポンプの変化の程度もほとんど分かっていない。プランクトン群集の過去と現在の変化に関する確固たる知識がなければ、その将来を予測することは極めて困難だ。この群集が果たしている重要な役割を鑑みると、知識のギャップを埋め、この分野を進歩させることが喫緊の課題となっている。

植物プランクトンの未来

一次生産力については海域差を生じることが予想されている。気候変動により、低緯度海域では植物プランクトンに適した環境が減少し、絶滅が定着を上回ることが考えられる。同時に、高緯度海域では多様性が高まり、定着が絶滅を上回る。一般的傾向として、植物プランクトンのバイオマスは極域に向かうほど増加し、熱帯や温帯では赤道域へ向かうほど減少しているようだ。この変化は、栄養塩供給の変化（低緯度海域でのバイオマスの減少を引き起こす）や水温の上昇（高緯度海域でのバイオマスの増加を引き起こす）によって生じると見られている。

生物多様性と群集構造も影響を受ける。例えば成層化が進むと、海洋の混合が減少し、植物プランクトンの豊かさに対し、好影響と悪影響の両方をもたらす可能性がある。高緯度では、植物プランクトンの定着が絶滅を上回ることが予想されているが、植物プランクトンの生物多様性に関しては、現在のバランスと比較すると、わずかなグループのみに限定されてしまいそうだ。海域差と知識不足が相まって、植物プランクトンの豊度の未来を正確にモデル化することは困難を極めている。

小型の植物プランクトンが優勢になるとの予想もあるが、これはもうひとつの重要な変化だ。小型の植物プランクトンは、より大型のプランクトンや、魚類などのネクトン（遊泳生物）にとって、さほど効果的な生産者ではないからである。小型の植物プランクトン種が優勢な海域は、他の海域に比べて深海に隔離される二酸化炭素の量が少なく、生産力が低い生態系の傾向がある。この変化の影響は、食物網全体に広がっていくことだろう。

実験室の環境下では、植物プランクトン群集は新しい状況（例：水温の上昇や酸性化など）に数百世代（短い寿命を考慮すればわずか数年以内）で適応している。したがって、変化する状況に適応する植物プランクトン種もいるという希望はあるものの、変化の速度と、いったん変わってしまえば膨大な数に及ぶ重要な環境変数（そして食物網全体の転換が生じること）を考慮すると、そのようなシナリオが起こりうる可能性は低い。

21世紀初頭と21世紀末とを比較した、生物多様性の変化予測

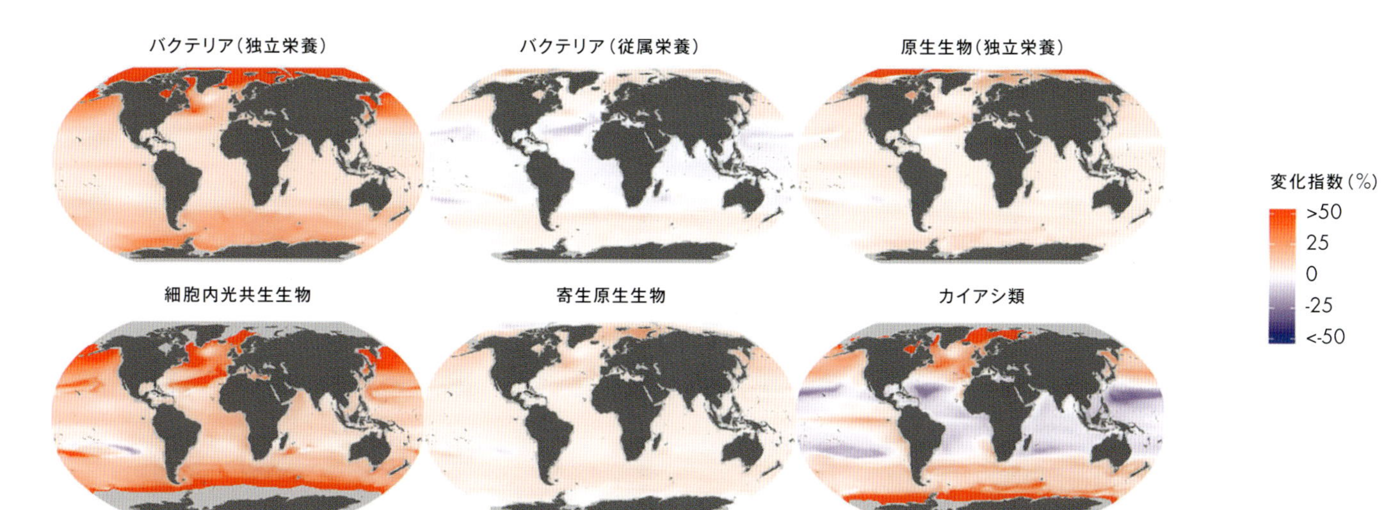

上｜イバルバルツらが2019年に発表したこのモデルによると、21世紀の初めから終わりにかけて、ほとんどのプランクトン分類群の多様性が増加する(赤色)ことが予測されている。その傾向は、特に極域に向かうほど顕著だ。しかし温帯域では、カイアシ類の多様性の減少が予想されている(紫色)。

下｜1994～98年の世界の海洋における植物プランクトンの分布を示すモデル。赤色は大型珪藻類、黄色は鞭毛藻類(大型植物プランクトン)、緑色はプロクロロコッカス属(小型植物プランクトン)、青色はシネココッカス属(別の小型植物プランクトン)を表している。不透明度が高いほど、炭素バイオマスが大きいことを示している。

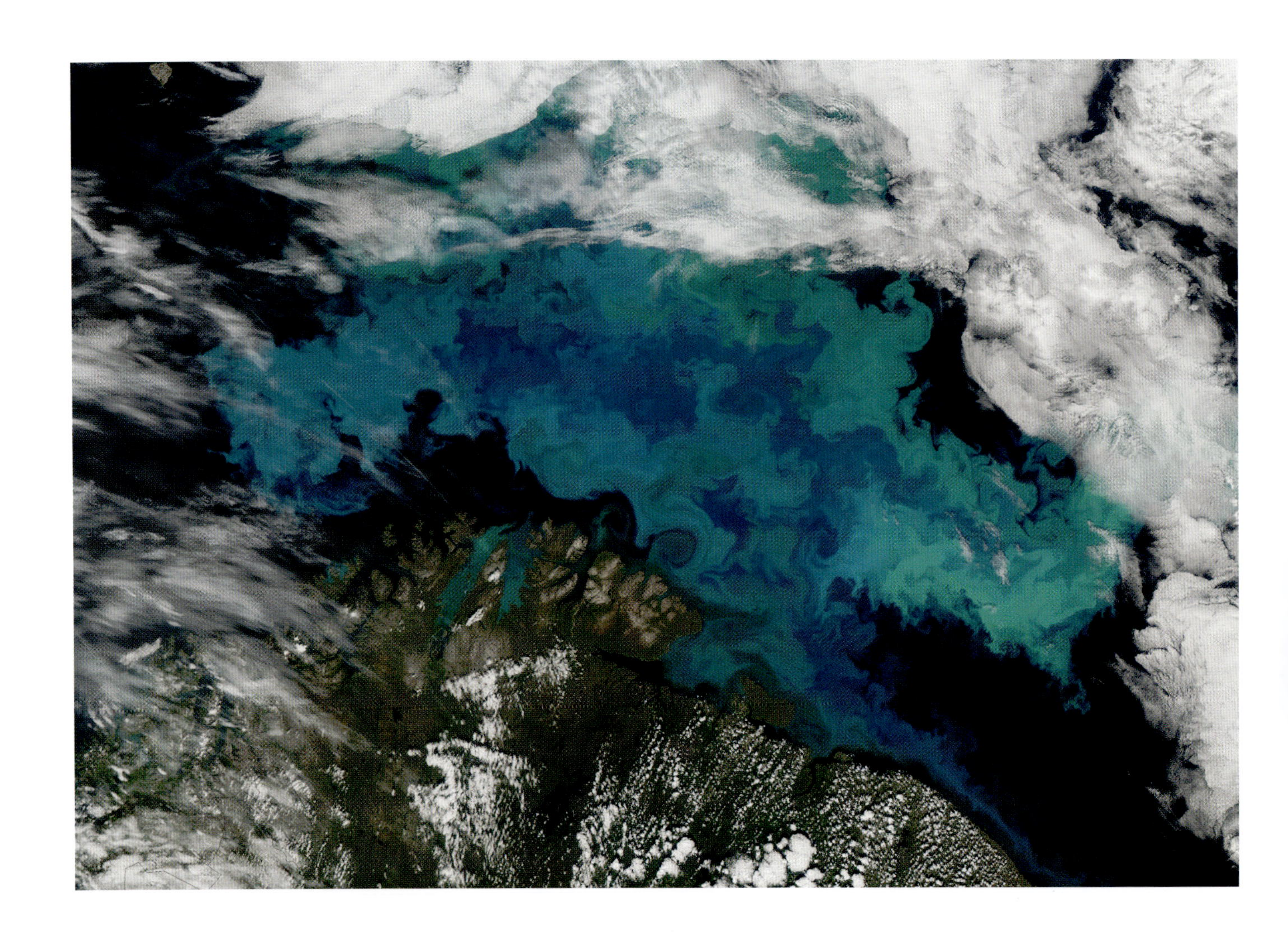

動物プランクトンの未来

動物プランクトンは主に一次生産者からエネルギーを得ているため、その分布も一次生産群集の変化から影響を受ける。植物プランクトンが行くところに、その次の栄養段階にいる生物たちが続く。気候変動と地球温暖化は、高緯度におけるプランクトンの大量発生のタイミングにとりわけ大きな影響を与える。そのため、動物プランクトンとその捕食者の発育段階のタイミングが同期しない可能性は、重大な懸念事項となる。タイミングに不一致が生じると、その影響は水圏生態系全体に顕著に及ぶことになることだろう。結果として新規加入する魚類が減少し、産卵と回遊に変化が生じるため、栄養段階間での不一致は、生態系と漁業に非常に大きな損失を生じさせる可能性があるのだ。

植物プランクトン群集のその他の変化も、動物プランクトンに影響を及ぼす。例えば、小型植物プランクトン種が群集において優勢になると、動物プランクトンの成長と繁殖が妨げられることが予想される。温暖化する海洋や酸性度の上昇については、動物プランクトンの分類群の一部が、その他の分類群よりもうまく対応可能な場合があるため、群集構造の変化も予想される。海面温度の上昇速度は海域ごとに異なるため一般化は困難だが（北大西洋の温度上昇は南極海よりも早いと予測されるが、南極半島は最も速く温暖化している）、動物プランクトンの個体群の調査から、温暖化による変化はすでに報告されている。

科学者たちは生物の季節的応答に伴うタイミングの変化を目撃している。春や夏の種が以前よりも早く出現し、秋の種は出現が遅くなっているのだ。こうした変化は、他の海洋種よりも動物プランクトンで早く起こっている。動物プランクトンはすでに、極域に向かって地理的範囲を移動させ始めており、今後さらに極域に向かうか、水温が低い水柱のより深い場所へと移動することが予想されている。小型化への変化もある。水温の上昇とともに、植物プランクトンと同様に、動物プランクトンも小型種が優勢になることが予想され、漁業や炭素隔離に影響を及ぼす可能性がある。こうした変化が組み合わさると、食物網を通じた生物ポンプやエネルギー転送に影響を及ぼしそうである。

p.194 | 北大西洋および北極海における植物プランクトンのブルーム（大量発生）は毎年、宇宙から観察することができる。この写真では、円石藻類のブルームがバレンツ海を覆っている。

上 | この写真で示されているように、動物プランクトンの個体数が最大を迎える要因は多々ある。例えば、植物プランクトンのブルーム、捕食圧の低下、海流や渦といった海洋物理学的現象などである。

PLANKTON'S ROLE IN TIMES OF CRISIS

危機の時代におけるプランクトンの役割

現在、プランクトンは地球上の酸素生産の約半分を担っている。また、大気中の二酸化炭素を吸収して隔離することで、地球の気候を調整する役割も果たしている。海洋は世界最大の炭素吸収源であり、二酸化炭素の増加と地球温暖化を緩和するという、非常に大きな役割を果たしている。人間の活動から排出される温室効果ガスの量は増加しており、そのせいで起こる気候変動を最小限に抑えるには、プランクトンの生物多様性と生態系の微妙なバランスを保護することは必須だ。そして、なんといってもプランクトンは、増加する人口を養うために必要な水圏タンパク質を提供する上で必要不可欠な存在なのである。

プランクトンが地球と人類の将来に果たす役割の重要性は、いくら強調してもしすぎることはない。受動的で、ほとんどが顕微鏡でしか見えない、研究もあまりされていないこの水圏生物のグループは、地球上、最も重要なシステムに深く関与しているのだ。地球の未来はプランクトンの生物多様性の保全にかかっているのだが、正確な予測を行い、それに基づく緩和策や管理計画を実施してプランクトンの繁栄を確保するには、まだ多くの作業が必要である。

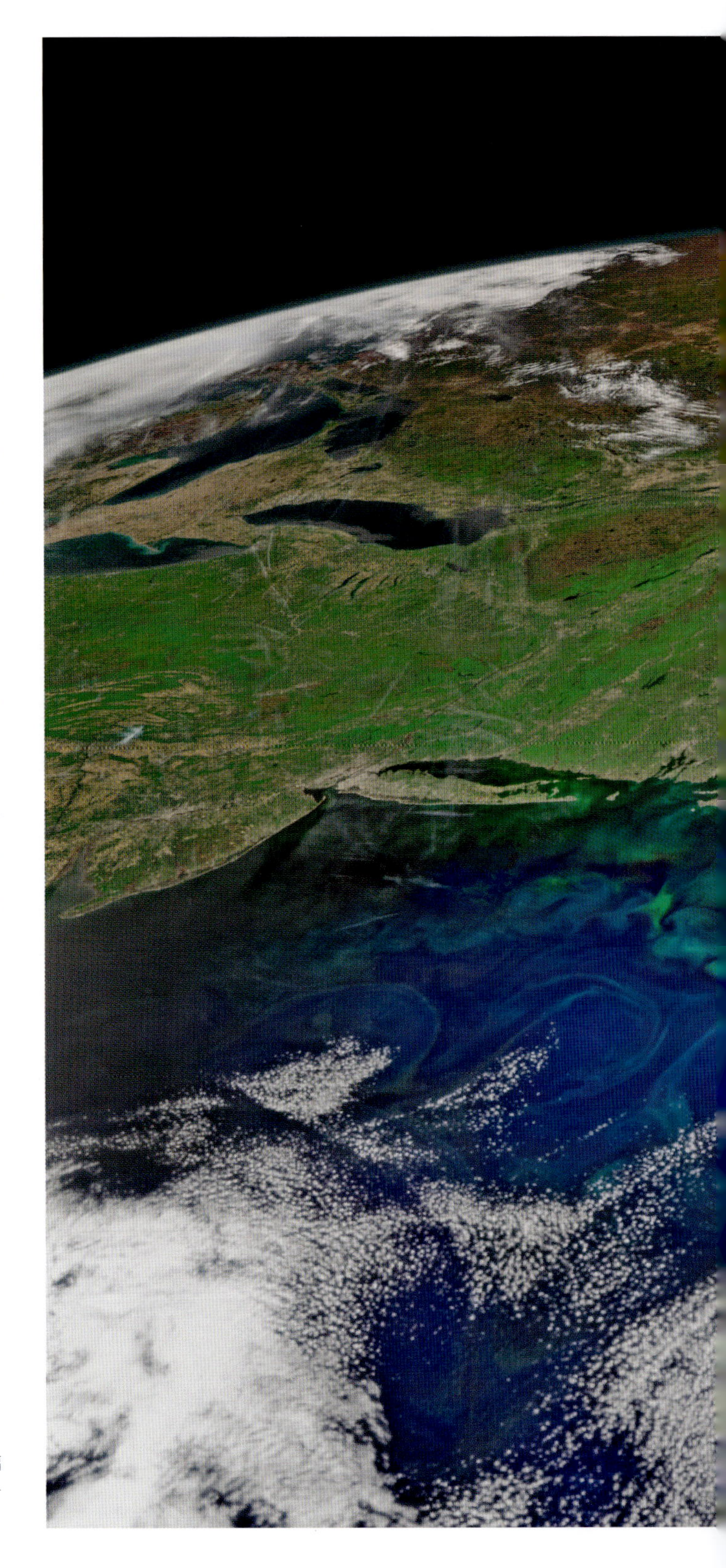

右 | プランクトン群集は地球温暖化のせいで、すでに再編成されつつある。その動きを監視することで、海洋システムの変化に関する貴重な知見が得られる可能性がある。

環境指標

プランクトンは水圏システムにおける重要な環境指標としても認識されている。環境変化に関する有用な情報を提供してくれるプランクトンは、水圏システムの変化に関する幅広い研究に役立てることができる。その個体群全体が温度や海流の変化にすぐに応答し、その結果、生息範囲や分布が大きく変化する。一般的にプランクトンの寿命はごく短いため、環境変化に伴って群集の動態が変化する速度も速い。商業目的で利用されるプランクトン種はごくわずかであるため、他の海洋種とは異なり、人間による利用がその個体群に直接影響を及ぼすことはない。プランクトン群集の変化を、気候変動によって引き起こされるような、より広範で長期的な環境変化と関連づけしやすい理由はそこにある。

プランクトンの個体数を監視することで、科学者は当該水域の健康状態の変化を評価することができる。プランクトンの標本を採取することで、魚類の個体数、汚染、気候変動についての知見も得られるであろう。プランクトンは、環境変数そのものよりも、変化の指標として有用である可能性すらある。なぜならその個体群が、微細な環境変動に対応して、迅速かつ大きく変化するからである。このような変動は、単独では目立たないかもしれないが、プランクトン群集の応答は増幅されることから、発見しやすく、監視もしやすい可能性が高いのだ。

監視における課題

プランクトンは水域全体に存在し、そのほとんどが極小であるため、特に外洋では、その個体数の監視作業がかなり難しい場面がある。プランクトンに関する長期的データは入手が難しい上に、一連の長期調査に対する資金提供も長年の間安定しておらず、1980年代後半にヨーロッパで、長期監視プロジェクトへの資金提供がいくつか中止されることもあった。価値がないと判断されたからだ。こうしたプロジェクトは、気候変動への関心が高まりつつあった1990年代後半に、再び優先されるようになった。

今日では、長期の継続的なプランクトン監視プログラムが多数進行しているが、プランクトン群集の空間的、時間的変動が激しいこともあり、長期研究からの一貫したデータは依然として不足している。気候変動やその他の人間活動が水圏生態系をどのように変えるかに関する理解が一般に不足していることも相まって、水圏生態系の未来予測が困難であることは明確である。プランクトンに特化した知識を向上させるため、分子生物学的サンプリングや、先進的な水中センサーやカメラ、そして、衛星画像が、従来の標本採集技術を補完している。

地球に食料を供給する

プランクトンは、きれいな空気と豊富な食料をわたしたちが得るためにも不可欠である。漁業は、地球上の人口の約半分が消費する動物性タンパク質の少なくとも20%を供給している。プランクトンは増加する人類の人口を養うために極めて重要だが、技術と技法が進歩すると、野生の魚類を捕ることに依存する割合が減ることから、今後は水産養殖の役割が高まりそうである。水産養殖は、最も急成長し

ている食料分野であり、今日では野生で捕獲される魚類や海洋無脊椎動物とほぼ同じ量の養殖が行われている。そしてこの産業は、成長を続けている。

水産養殖業は、世界中で増大するタンパク質への需要を供給できる持続可能な産業となる可能性を秘めているが、その多くのシステムに関し、解決すべき問題はまだ山積みである。特に、水産養殖施設は大量のエネルギーを消費する上に、栄養塩を豊富に含む排水を河川や沿岸域に垂れ流すことにより、富栄養化や藻類の大量発生を頻繁に引き起こしそうである（p.189参照）。持続可能な形で運営されている水産養殖システムもあるが、業界全体が持続可能であると見なされるためには、環境にもっと重点を置く必要がある。

人間が引き起こす環境の変化がプランクトン群集に与える影響には大きな不確実性が伴う。しかしどんな影響であれ、商業漁業になんらかのインパクトを与えることだろう。内陸の水産養殖であっても、そのシステムは野生の魚類に依存している。野生の魚類が魚粉や油に加工されて飼料として利用されているからだ。魚類は、特に幼生期には動物プランクトンに依存している。魚類の個体群の繁栄にとっては、プランクトンと仔魚の個体数が同期していることが不可欠だ。環境システムの変化によって、時期のずれが生じると、漁獲量が減少してしまうことに疑いの余地はないのである。

p.198 | 気候変動に伴い、プランクトンを監視することがますます重要になっている。そこで、従来の網を使った標本採集を補完するためのより効率的な技術が開発されている。この写真では、研究者が円錐形のプランクトンネットを使い、オーストラリア、クイーンズランド州リザード島沖のサンゴ礁調査のためにゼラチン状の動物プランクトンの標本を採取している。

上 | プランクトンは水圏食物連鎖の基盤として、野生魚類と養殖魚類の両方の個体群維持に不可欠である。この開放域の養殖場はトルコ付近のエーゲ海にある。

プロクロロコッカス属 *Prochlorococcus marinus*

シアノバクテリア（ラン藻）

Prochlorococcus marinus（プロクロロコッカス・マリヌス）は海洋、そしておそらく地球上で、最も豊富に存在する光合成生物である。プロクロロコッカス属の中で唯一、記録されている種であるが、その圧倒的な豊富さから、野外と実験室の両方で、広範囲にわたる研究対象となっている。ピコプランクトンに属するこうした小さなシアノバクテリアは、極めて重要な一次生産者であり、世界の海洋において、光合成による酸素生産のかなりの割合（約20％）を担っている。

一般的ではない色素

本種は、その豊富さと小ささに加え、色素にも注目を集めている。この種は、クロロフィルa2およびクロロフィルb2として知られる独特なクロロフィル誘導体を含んでいるが、他の光合成生物では、この組み合わせは見られない。さらに、この種は有光層の下にいることが多く、そこで1日に1回分裂するため、光強度がかなり低くても光合成が可能である。

種の繁栄

プロクロロコッカス属は1種しかいないが、さまざまな生態学的地位に生息するさまざまな株が特定されている。この多様性が、この種の繁栄に役立ったと考えられている。この種は、外洋の循環域内のような貧栄養海域の亜表層付近に特に豊富に生息している。こうした海域は、栄養塩はかなり乏しいが、プロクロロコッカス属はサイズが小さいことから、体積に対する表面積比率が高い。それが、こうした厳しい環境で有利に働いているのだ。この種はおそらく、極めて少量の栄養塩しか必要としないか、あるいは、従属栄養細菌によって再生された物質を非常に効率的に取り込んでいるかのいずれかなのだが、その栄養塩の吸収プロセスはまだ十分に解明されていない。

p. 201 | *P.marinus* の進化にとっては環境的制約が重要だった。その極小のサイズは、貧栄養環境への適応の結果なのである。

科	プロクロロコッカス科（*Prochlorococcaceae*）
分布	*P.marinus* は世界中の温暖な海域に非常に広域に分布している。
生息域	貧栄養海域の水深100～200mで最もよく見られる。
食性	一般的ではない2つのクロロフィル色素の組み合わせを利用する光合成シアノバクテリア。
備考	リン酸塩が乏しい環境では、リン脂質の代わりに硫脂質（リンではなく硫黄を含む脂質）を利用するという適応によって繁殖する。
サイズ	有名な最小のシアノバクテリア（および光合成生物）である *P.marinus* の細胞は、直径0.5～0.7μmである。

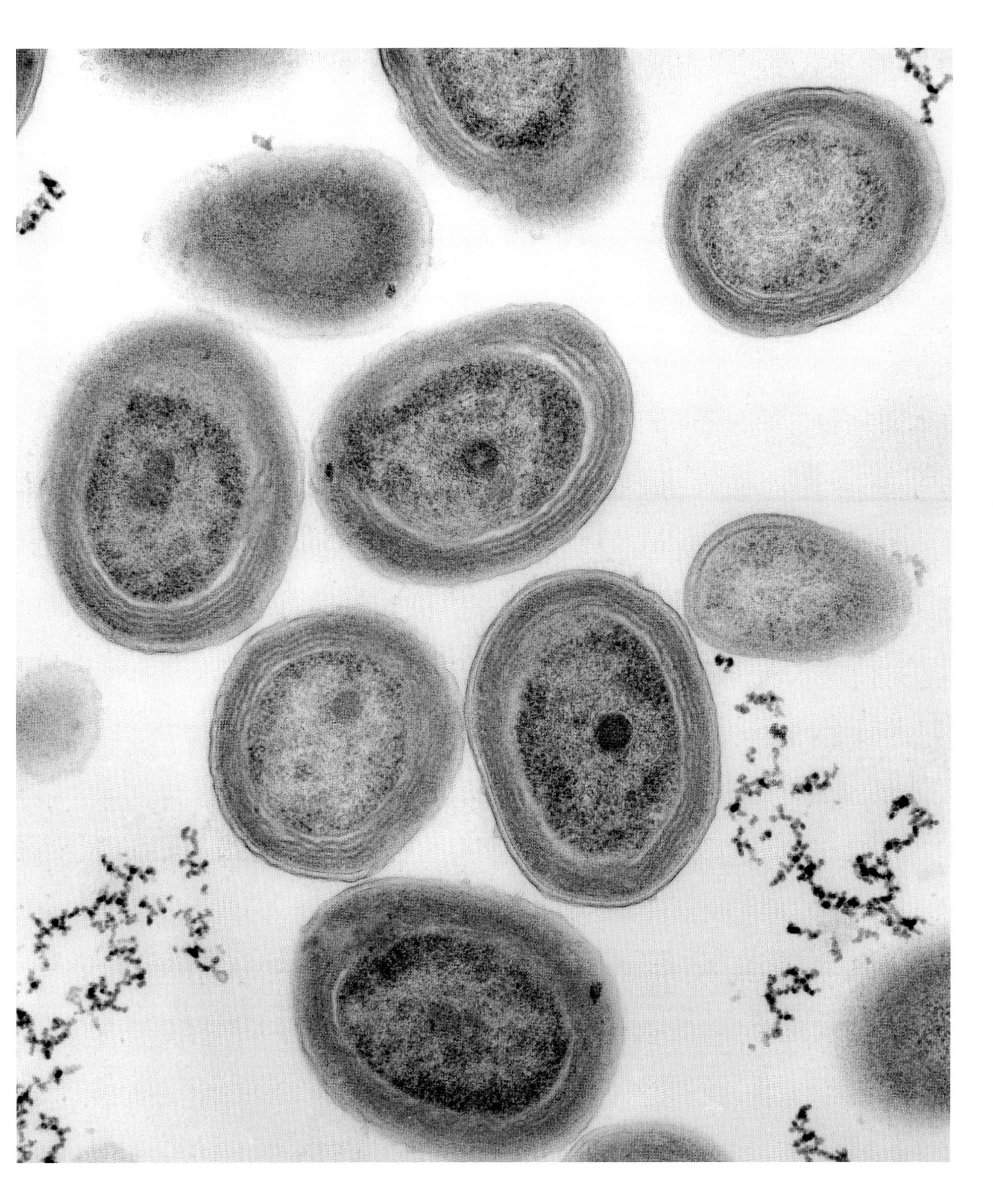

有孔虫　*Globigerina* sp.

原生動物

グロビゲリナなどの有孔虫は単細胞の従属栄養生物である。有孔虫の多くは海底に生息する底生生物だが、グロビゲリナなど、海洋の上層に浮かんでいる有孔虫もいる。グロビゲリナ属(*Globigerina*)の種は、海洋水柱の有光層(光合成に十分な日光が当たる最上層)に生息し、熱帯から極域まで、世界中に広く分布している。また、高水温や高塩分といった厳しい条件でも繁殖することができる。海域ごとの個体数は、季節や植物プランクトンのブルームの時期によって異なる。

グロビゲリナ軟泥

有孔虫は炭素ポンプにおいて重要な役割を果たしている。有孔虫種が死ぬと、空になった石灰質の殻(テストと呼ばれる)が水柱を通じて海底堆積物へと沈降する。この物質は有孔虫軟泥または、グロビゲリナ属の種が主成分なのでグロビゲリナ軟泥として知られ、その海底の約50%を覆う。西インド洋、大西洋中部、南太平洋赤道域などの海域では、白い軟泥が海底のほとんどを覆っている。グロビゲリナ軟泥は石灰質の堆積物で、白亜や石灰岩を生成する。

有孔虫は石灰質の特性をもつことから化石記録が広範に存在し、地質年代測定や石油探査に役立っている。また、殻を形成する際に、海から酸素を取り込む。深海堆積物中の有機物の分解には好気性プロセスが関与しており、有孔虫の殻の酸素同位体分析により、殻が形成された当時の水温を判定できることから、科学者が過去の海洋環境を再構築する際に役立っている。これらは、海洋深部の堆積物の正確な年代測定に利用できるため、石油探査において、ますます重要なツールとなっている。

科	グロビゲリナ科(*Globigerinidae*)
分布	世界中の海洋に分布し、大西洋およびインド洋で最も多く記録されている。
生息域	グロビゲリナは主に水柱の上部60 mで見られるが、その分布は季節的なパターンに従う傾向が強い。
食性	主に珪藻類や渦鞭毛藻類などのプランクトンを食べ、藻類の大量発生時に非常に豊富に見られることが多い。
備考	この生物は複数の室がある殻をもち、それらは「foramina(孔)」と呼ばれる小さな開口部でつながっており、分類名(有孔虫)はこの特徴に由来している。
サイズ	直径最大250 μm

p.203 | このグロビゲリナ種の殻は、透明な方解石でできた多数の細い棘で覆われている。

シャトネラ *Chattonella* sp.

ラフィド藻類

シャトネラ属（*Chattonella* sp.）は、海産のラフィド藻（鞭毛がある単細胞藻類のグループ）であり、非常に類似した5種の単細胞光合成藻類を擁する属である。この綱に含まれる全ての種と同様に、シャトネラ属の仲間は、一対の鞭毛はあるが細胞壁はない大型細胞であり、主に汽水域に生息している。冬の間、シャトネラ属の種は保護されたシストを形成し、海底堆積物の固体表面に付着して休眠状態に入る。そこで成熟しつつ、より好ましい条件になるまで、低エネルギー状態で留まることができる。

魚類の斃死

シャトネラ属の種は、細胞がシスト期を終えて運動能力のあるプランクトン生活段階に移行するときに赤潮藻類ブルームを生じることがある。これが好条件で出現すると、1日に1回、2分裂することによって急速に増殖可能になる。この赤潮は生態系にとって有害であり、魚類の個体数に壊滅的な影響を及ぼす。シャトネラ属の種が大量発生すると、この藻類は有害な毒素を放出し、魚類を窒息させてしまう。その正確なメカニズムは完全には解明されていないが、ブルーム中に活性酸素種（ROS：分子状酸素から形成される非常に反応性の高い化学物質）が生成される。この毒性物質が魚類のエラを傷つけると、粘液が生成され、それが最終的に魚類の酸素摂取能力を妨げて死に至らしめると考えられている。

シャトネラ属は魚類の大量死を引き起こし、漁業に相当な経済的打撃を与える可能性がある。水域の富栄養化が進むにつれて、こうした藻類のブルームがより頻繁に起こるようになっていることから、制御メカニズムの模索が進められている。珪藻類とは異なり、シャトネラ属の種は発芽に光を必要としないため、珪藻類が発生できない時期にも大量発生することがある。珪藻類はシャトネラ属よりも成長率が高い。そこで珪藻類を使った生物学的制御が有害な藻類の大量発生を防ぐ有用な技術となる可能性が示唆されている。珪藻類の出現を誘発することで、シャトネラ属の急速な成長を防げる可能性があるのである。別の選択肢としては、藻類殺傷バクテリアを宿す海藻や海草と一緒に魚類を養殖する方法も考えられている。

科	バクオラリア科（*Vacuolariaceae*）
分布	熱帯、亜熱帯、温帯域
生息域	河口域や湿地など、主に沿岸域で最もよく見られる。
食性	光合成独立栄養生物で、太陽光からエネルギーを得る。
備考	シャトネラ属の細胞は細胞壁をもとにないため、サイズや形状を変えることができる。
サイズ	30～50 ㎛

p.203 | この写真のシャトネラ·アンティカ（*Chattonella antiqua*）をはじめとするシャトネラ属は、いくつかの種が有害な赤潮と関連付けられている。

ネオデンティキュラ属 *Neodenticula seminae*

珪藻類

太平洋珪藻類である*Neodenticula seminae*（ネオデンティキュラ・セミネ）は北極圏から大西洋に移動し、気候変動に対するプランクトンの応答を示す、分かりやすい例となっている。1999年に科学者たちは、北西大西洋から採取した標本内に本種を見つけて驚いた。この種はこの海域に80万年以上は存在していなかったからだ。実際、*N. seminae*は、北極圏を覆っていた氷が溶けた夏に、太平洋から北極を経由して大西洋へと流れる海流に乗って移動してきたことが判明した。

新しい海域への旅

気候変動によって氷のカバーが減少したことで、通常は凍結によって遮られている北極と太平洋の間に道が開かれ、移動ルートが形成された。北極海の海氷面積は記録開始以来最低で、*N. seminae*は最初にこの海域を通過したと報告されているプランクトンのひとつだが、これは気候変動が水圏生態系に与える影響の現実的リスクを示している。この珪藻類はそれ以来、ラブラドール地方に定着し、アイスランドの海域とカナダのセントローレンス湾にも生息していることが報告されている。

それが意味するもの

たった1種の生物が新しい生息域にもち込まれるだけでも、重大な生態学的被害を引き起こす可能性はあるが、2つの海洋間を隔てる障壁が破られたことで、より多くの生物種（食物連鎖の上位に位置するプランクトンや海洋動物を含む）が同じ道をたどる可能性が出てきた。これにより、生態系や漁業に広範囲にわたる混乱が生じる可能性がある。

p.207 | *N.semine*の個体はおおむね長方形だが、群体を形成し、時にはこの写真のような巻いたリボン状に成長することがある。

科	バシラリア科（*Bacillariaceae*）
分布	かつては生息地が太平洋に限定されていた*N.semine*は、現在は大西洋にも定着し、ラブラドール海、アイスランドの海域、セントローレンス湾でも発見されている。
生息域	寒冷な海洋環境、特に氷下でよく見られ、栄養塩豊富な水域（例えば、湧昇や氷河の融水）で繁殖する。
食性	本種は光合成を行う珪藻であり、光と水から酸素と糖を生成する。
備考	太平洋の生物ポンプにおいて重要な役割を果たしているため、これが大西洋にもち込まれると、地域の炭素隔離に好影響を与える可能性もある。ただし、定着による影響はまだ不明である。
サイズ	10～60μm

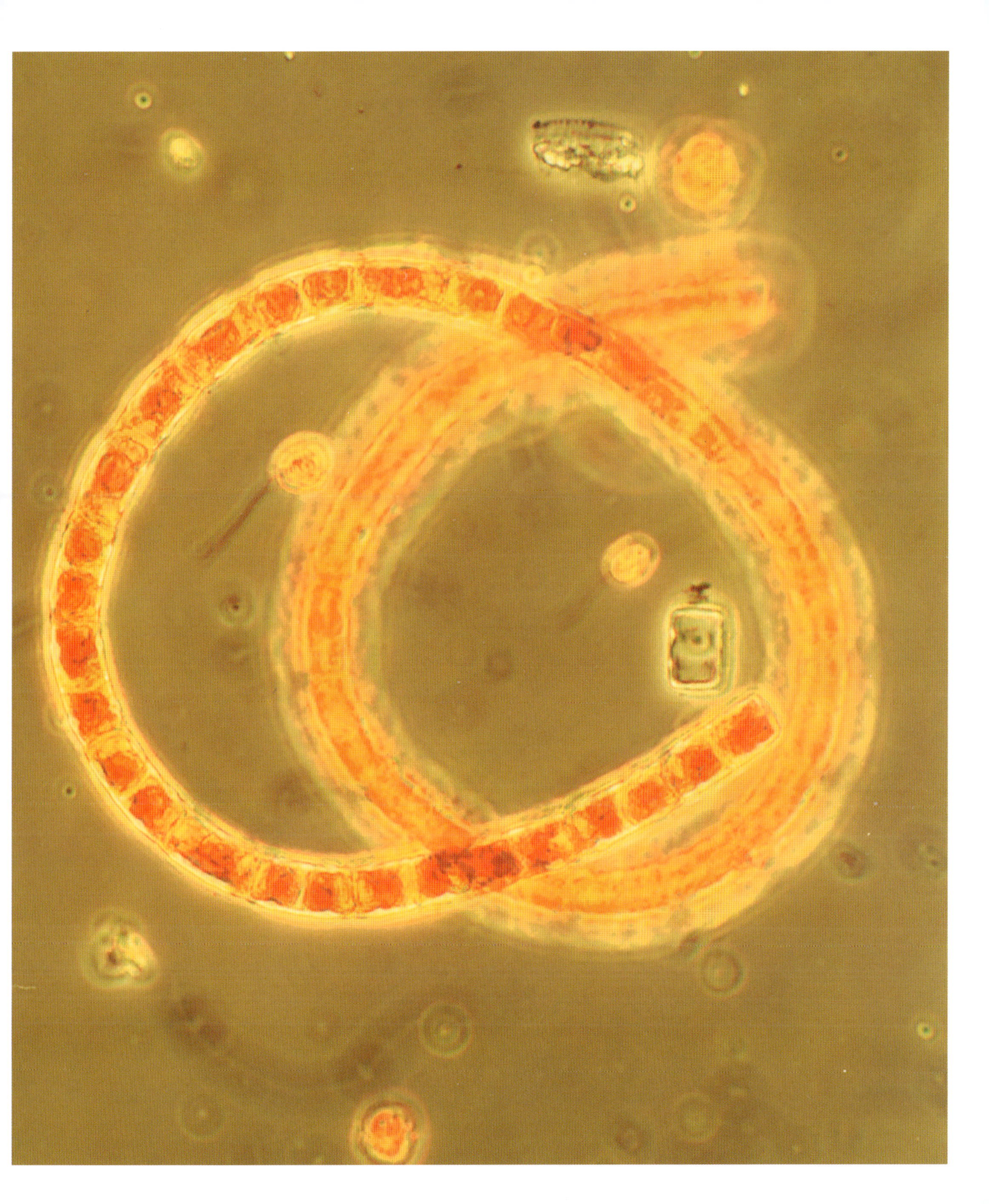

繊毛虫 *Favella* sp.

原生動物

繊毛虫類は、淡水や海洋環境を含む地球上のほぼすべての水域、さらには土壌に広く生息している。数千種が記録されているが、そのすべてが繊毛と呼ばれる毛状の器官をもち、移動や摂食に役立てている。繊毛虫のほとんどは従属栄養生物で、小さな植物プランクトン（およびデトリタス）を餌としており、口の周りの繊毛の助けにより、餌を摂餌している。

ビンガタカラムシ属（*Favella*）は、花瓶形のロリカ（殻のような外殻）をもつ、有鐘繊毛虫類の属（ティンティンニダ目に属する）である。この属の種は、植物プランクトンの重要な摂食者であり、カイアシ類などの動物プランクトンの餌にもなる。ロリカには小さな穴があり、そこから出ている仮足と呼ばれる腕のような突起を利用して餌を食べたり、移動したりする。本属の生物は海域に豊富に生息し、成長速度が速く、有毒な渦鞭毛藻類をよく摂食する。ビンガタカラムシ属は、繊毛虫類の研究に多用される。かなり大きく、保護する殻があることから、その他の殻のない繊毛虫よりも標本として採取しやすいからである。

変化の指標

他の有鐘繊毛虫の魚類とともに、ビンガタカラムシ属も、気候と海洋の相互作用を研究者が理解する上で役立つ場合がある。海洋の変化の指標として同属が有効である理由はいくつかある。重要なのは、海洋環境に豊富に生息し、形態が識別可能であり、ロリカで保護されていることである。個体群の分布は環境要因の影響を受けるため、ビンガタカラムシ属などの個体群の変化も、気候変動に起因する環境条件の、これまでのおよび進行中の変化を示している可能性がある。

p.209 | 単細胞のオオビンガタカラムシ（*Favella ehrenbergii*）は、縦軸を中心に螺旋状に回転しながら泳ぐ。

科	ツリガネカラムシ科（*Ptychocylididae*）
分布	熱帯から温帯の浅海の海域で豊富に見られる。
生息域	外洋域から沿岸域まで広く分布している。
食性	さまざまな種類の植物プランクトン、特に渦鞭毛藻類を摂食する。
備考	ツリガネカラムシ科の種は、触手のような突起で餌を捕らえる。 サイズが似たマイクロプラスチックにも餌と同様に反応する。マイクロプラスチックが濃縮されつつある海洋において、プラスチックの摂取がこの生物の将来にとっての懸念材料となっている。
サイズ	100～430μm

ヨーロッパミドリガニ *Carcinus maenas*

甲殻類

ヨーロッパミドリガニは、さまざまな輸送手段によって人間が世界中の水路を移動した結果、世界で最も侵略的な100種のうちのひとつとなり、オーストラリア、南アフリカ、南米、北米をまたがる大西洋岸と太平洋岸の海洋生態系に広範囲にわたる被害を与えている。成体のカニは1.5㎝ほどのアサリを1日に40個食べることもあり、この捕食者はアサリ産業をはじめとするさまざまな漁業を脅かしている。

カニの制御

アメリカにおける外来種の個体数を減らす試みとして、ヨーロッパミドリガニを捕獲して除去するために漁師に賞金が出されたこともあったが、そんな努力も成功しなかった。生物学的制御の選択肢も検討されてきた。北米原産のアオガニ(*Callinecetes sapidus*)やその他のカニ(*Romaleon antennarium*と*Cancer productus*)を利用することで、ある程度、制御できる可能性もある。寄生性のフジツボであるフクロムシ(*Sicilian carcini*)がカニ個体群に与える影響の可能性に関して、ヨーロッパミドリガニの制御に有効かどうかを確認するために検討されているが、この方法には議論の余地があり、実施前に徹底的に試験することが必要である。

アメリカでは、食用のヨーロッパミドリガニを増やす動きもある。この種はスープやソースの材料として使われることもあるが、同属の別種である地中海ミドリガニ(*C. aestuarii*)のほうがよく食用にされている。ヨーロッパミドリガニが侵入している地域では、地中海ミドリガニの調理法がこのカニに応用されつつあり、商業的にこのカニを漁獲してカニ・ミンチにしてはどうかという提案もある。

p.211 | ヨーロッパミドリガニの幼生には、ゾエア期が4つある。その間は、この写真のように体に棘があり四肢が完全には発達していない。その後に、甲殻類の最終幼生段階で、付属肢が明確になるメガロパ期が1つある。

科	ミドリガニ科(*Carcinidae*)
分布	ヨーロッパと北アフリカの沿岸域が原産だが、オーストラリア、南アフリカ、南米、北米の沿岸にも侵入している。
生息域	河口や港などの護岸された生息域で最もよく見られる。
食性	主にデトリタスを摂取する。
備考	ヨーロッパミドリガニは幼生段階を50日以上過ごし、ゾエア(自由遊泳性の幼生)として、引き潮に伴ない、夜間に鉛直移動を行う。
サイズ	幼生は約1㎜の長さで、非浮遊性の成体は甲羅の幅が最大で8㎝になる。

ミジンウキマイマイ *Limacina helicina*

軟体動物

小型の終生プランクトンである海洋巻貝ミジンウキマイマイをはじめとするミジンウキマイマイ科(*Limacinidae*)の仲間は、腹足類の足から進化して翼のようになった側足(パラポディア)のおかげで、海の蝶として知られている。ろ過食者であり、大きな球状の粘液の網をつくり、それで植物プランクトンと動物プランクトンを捕まえ、一緒に食べる。

鍵種

ミジンウキマイマイは北極圏の鍵種(個体数が少なくとも、その種が属する生物群集や生態系に及ぼす影響が大きい種のこと)であり、異なる海域に2つの亜種が存在する(同属の別の種は南極圏に生息している)。ミジンウキマイマイの個体数は、北極圏の海域におけるメソ動物プランクトン総数の半分以上を占めることもある。個体数が多いため、珪藻類や渦鞭毛藻類などの植物プランクトンにとって重要な草食動物であるが、一方で、カイアシ類、ビンガタカラムシ類、さらには自種の幼生までも捕食することがある! 厳しい極域環境における海洋食物網の重要な構成要素であり、大型動物プランクトン、魚類(ニシンやカラフトマスなど)、さらには海鳥やアザラシの餌となる種でもある。

酸性化の指標

ミジンウキマイマイは炭酸カルシウムの殻もつくり、毎日の鉛直移動中に水柱内を沈降する際に役立てている。この殻には、非常に溶けやすいアラレ石と呼ばれる炭酸カルシウムの一種が含まれている。この殻は海水に溶けるが、ミジンウキマイマイは極海に分布していることから、酸性化の影響を受ける最初の動物プランクトン種である可能性がある。そのため、海洋酸性化の重要な指標種となっている。ミジンウキマイマイの殻は炭素循環にとっても重要で、個々の個体は炭酸カルシウムを(殻の一部として)深海の堆積床に運ぶ。

p.213 | 英語名が海の蝶 (sea butterfly) であるミジンウキマイマイは、翼のような側足を羽ばたかせながら水中を移動する。

科	ミジンウキマイマイ科(*Limacinidae*)
分布	北極および亜北極の水域でのみ見られる。
生息域	最大で水深50mの水域に生息する。
食性	植物プランクトンの摂食者として食物網で重要な役割を果たし、動物プランクトンも摂取する。
備考	かつては北極および南極域の両方に生息する極域種と考えられていたが、現在では、南極にいる個体群は異なる種であると考えられている。
サイズ	約0.5〜3㎜

ノロ *Leptodora kindtii*

甲殻類

ノロ属（*Leptodora*）には2種しかおらず、そのうちのひとつであるノロは、知られている中で最大の浮遊性枝角類、またはミジンコである。この種は、6対の脚と、2枚の殻をもたない長い体で知られている。その体は、ひとつの複眼を除いてかなり透明である。ノロは湖の食物網で重要な役割を果たしており、動物プランクトン、特に他の枝角類を大量に捕食し、大型であることから、多くの魚種にとって重要な餌となっている。

捕食性プランクトン

ノロ属の仲間は食欲旺盛なプランクトン捕食者として知られており、長い脚を操って動物プランクトンを捕食する。あらゆるプランクトンと同様に、ノロ属も漂流者であり、餌を能動的に狩ることはない。むしろ、偶然の遭遇を待ち、その長い脚で動物プランクトンを捕らえる。ノロの6本の脚は一緒にモノをつかむことができ、餌を捕らえて操作する役割があるため、trap basket（またはfeeding basket）と呼ばれている。ノロは、生息域において動物プランクトンなどの餌生物種をトップダウンで制御（ある栄養段階の生物群がより上位の生物によって制御されること）している。

侵襲的影響

淡水湖にはまだ広く分布しているが、1980年代に侵入種*Bythotrephes longimanus*（バイトトレフェス・ロンギマヌス）が侵入したことにより、北米の湖でノロの個体数が激減したことが報告されている。この種も大型の肉食枝角類だが、早く成長する大型の幼生を産む点でノロよりも有利である。この種は生涯のほとんどを通じて大型の餌を食べ、餌の処理時間も短いため、摂餌が効率的である。成体になると、この侵入種はより多様な餌を摂取するようになる。

p.215 | ノロの長い体は98%が透明で、2本の巨大な触角があり、それを使って泳ぐ。

科	ノロ科（*Leptodoridae*）
分布	北半球の温帯湖に豊富に生息している。
生息域	主に汽水湖および淡水湖で見られる。
食性	主にワムシ類やミジンコ属などの動物プランクトンを食べる肉食性の捕食者である。
備考	ノロ属の学名*Leptodora*はギリシャ語に由来し、「薄皮」を意味し、この種の特徴的なやわらかい体を表している。
サイズ	最大で2.5㎝

WHAT'S NEXT? 今後の展望

気候の危機が深刻化している中、プランクトンは炭素循環や食物網の重要な要素として認識されている。気候変動の影響を緩和する可能性があることから、プランクトン研究への注目が高まっている。長期にわたる一連のプランクトン調査から得たデータを科学者たちが解析し続ける過程で、パターンが明確になり、人間活動がプランクトンに与える影響という世界規模のパズルの新たなピースも徐々に埋まってきている。相互に関連する変数が無数に存在する水圏生態系は、未知の要素がまだ多く、プランクトンの適応に関する重要な知見を得るには、継続的な監視プロジェクトが鍵となる。

科学者たちの予測では、今後、水温が大幅に上昇し、海洋はより酸性化し、海域によっては水圏系の酸素濃度が低下する見込みである。こうした大規模で急速な環境変化に直面すると、それに適応する種があれば、新しい地域に移動する種もあり、絶滅の危機に瀕する種も出てくる。どの種がどんな運命をたどるのかは定かではないが、生態系の全体的変化が非常に大規模になることは明かだ。水圏のすべての機能が影響を受け、地球の気候と食料生産の両方が重大な影響を被ることだろう。

プランクトンや地球上の多くの大規模な生物多様性に対する最大の脅威は、大気中で増え続ける二酸化炭素の量である。気候変動の主要因として化石燃料の燃焼があるが、プランクトンの多様性や構成、ひいては生態系機能の大規模な変化を防ぐには、これを大幅に削減する必要がある。

気候変動を抑制するプランクトンの役割を過小評価してはならない。地球のシステムにおいて、プランクトンはかなり貴重な役割を果たしており、気候の危機を緩和する極めて独特な潜在能力をもっているのだ。しかし、プランクトンが地球を守る能力にも限界がある。プランクトンといえども、気候変動に対する長期的かつ恒久的な解決策にはならないのだ。地球を救うには、変化の原動力に対処する必要がある。つまり、人類の活動を変えなくてはならないのである。過剰消費、汚染、そして、持続不可能な資源への依存の問題に直ちに取り組むことが求められている。

右 | 小さな巨人といえるプランクトン。地球の水域におけるその広範な多様性は、連鎖的な影響を及ぼし、それが生態系全体を成り立たせている。

GLOSSARY 用語解説

一時生プランクトン
メロプランクトンとも。生活環の一部（通常は幼生期）のみをプランクトンとして過ごす水圏生物のこと。

疣足
一部の環形動物が泳ぐために使う、側面にある足の延長部のこと。

外洋域
沿岸域とは対照的に、沖合の水域。

カイアシ類
かなり一般的なプランクトンで、通常は顕微鏡でしか見えない小さな甲殻類のこと。涙滴形の体と長い触角をもつ。

気生プランクトン
空気中に浮遊する菌類胞子や花粉などの有機物や生物由来の物質。

休眠
胚の発育が一時停止すること。

クダクラゲ目
刺胞動物門に属する海洋ヒドロ虫の目であり、ポリプの群体を形成する。

原核生物
明確な核をもたない単細胞生物のこと。

原生生物
植物、動物、菌類ではない、明確な核をもつ単細胞生物のこと。

原生動物
繊毛虫や放散虫など、動物に似た性質をもつ小さな単細胞生物のこと。

光合成栄養生物
太陽光のエネルギーを利用して有機化合物を合成する光合成が可能な生命体のこと。

混合栄養生物
独立栄養性（自給の食糧生産）と従属栄養性（その他の生物を消費して炭素を獲得する）を組み合わせた生物のこと。

細胞内共生
ある生物が別の生物の細胞内に住んでいる状態のこと。

シアノバクテリア
光合成細菌の種類で、ラン藻類とも呼ばれる。

十脚類
エビ、クルマエビ、カニ、ロブスターなどを含む甲殻類の種類。

刺胞
クラゲなど、あらゆる刺胞動物の触手にある刺胞器官で、餌の捕獲と防御に特化している。

弱光層
真昼でも薄暗い状態から明るくならない水柱の層のこと。

終生プランクトン
一生をプランクトンとして過ごす水圏生物のこと。

従属栄養
その他の生物の体を消費することで、エネルギーと栄養素を獲得する生命体の能力のこと。このような生物は従属栄養生物と呼ばれる。

触手冠
腕足類や鱗魚類が使用する摂食器官のこと。

植物プランクトン
プランクトン群集の中の光合成を行うメンバー。微細な藻類としても知られる。

真核生物
膜で囲まれた核とその他の細胞器官のある細胞で構成された生物のこと。

ストマトシスト
黄金色藻類（黄金藻門に属する黄金色の褐色藻類）によって生成される、シリカでできた球状の殻をもつ栄養細胞のこと。

生物発光
生物が体内で化学反応を起こして生み出す光のこと。

摂食栄養性
食物細胞または粒子を飲み込むこんで摂食すること。消化のために粒子を液胞に取り込むプロセス。

浅海域
大陸棚の急斜面より上にあり、海岸線近くに位置する浅い海域のこと。

繊毛
細胞膜上の毛のような小さな突起のこと。多数の繊毛が協調して動き、水流を起こしたり、細胞を動かしたりする。

単為生殖
オスによる受精なしに、卵から起こる無性生殖の形態のこと。

端脚類
13の体節がある甲殻類の一種。一部は浮遊性だが、ほとんどは海底に生息する。

貯精嚢
交尾後に精子を貯蔵する、無脊椎動物のメスまたは雌雄同体の器官。

底生性
海底など、水域の底に関連していること。

デトリタス食者
その他の生物の廃棄物や死骸を食べる生物のこと。

独立栄養
環境から無機炭素を固定し、それをエネルギー源に変える生命体の能力。このような生物を独立栄養生物という。

動物プランクトン
プランクトン群集に属する小動物。流れに逆らって効果的に泳ぐことができない。

被殻
珪藻類の殻は2部分、または2つの殻で構成されている。

ヒドロ虫
カツオノエボシをはじめとする刺胞動物の種類。

被嚢類
ホヤやサルパなど、尾索動物亜門に属する、多くが固着性の海洋無脊椎動物群。

貧栄養
生命を維持するための資源がほとんどない環境のこと。プランクトンの場合は、栄養塩が比較的少ない水域を指す。

富栄養化
水域の栄養塩が過剰になり、光合成プランクトンの個体数が爆発的に増加する状態のこと。

腐生
非生物有機塩を処理するために利用される細胞外消化の一形態に関連するもの。

鞭毛
細胞を移動させるために使われる、細胞膜の長い鞭状の延長部のこと。

マリンスノー
海底に沈降する生物由来の物質の降り続けるシャワーで、深海動物の餌料源。

ミクロン（μm）
0.001 ㎜に相当するメートル法の測定単位。

無光層
水柱において常に暗い部分を指す。

無酸素性
嫌気性とも。酸素が欠乏した環境のこと。

メデューサ
クラゲなどの刺胞動物の自由遊泳期。

有光層
日中に太陽光が当たる水柱の層のこと。

湧昇
冷たい（通常は栄養塩が豊富な）深層水が表層に向かって上昇するプロセス。

FURTHER READING 参考文献

Bandara, K., Varpe, Ø., Wijewardene, L., Tverberg, V., and Eiane, K. 2021. Two hundred years of zooplankton vertical migration research. *Biological Reviews* 96: 1547–1589

Benedetti, F., Vogt, M., Elizondo, U. H., Righetti, D., Zimmermann, N. E., and Gruber, N. 2021. Major restructuring of marine plankton assemblages under global warming. *Nature Communications* 12: 5226.

Berthold, M., and Campbell, D. A. 2021. Restoration, conservation and phytoplankton hysteresis, *Conservation Physiology* 9, coab062.

Brierley, A. S. 2014. Diel vertical migration. *Current Biology* 24: R1074–R1076.

Calbet, A. 2008. The trophic roles of microzooplankton in marine systems. *ICES Journal of Marine Science* 65: 325–331.

Castellani, C., and Edwards, M. 2017. *Marine Plankton: A Practical Guide to Ecology, Methodology, and Taxonomy*. United Kingdom: Oxford University Press.

Chislock, M. F., Doster, E., Zitomer, R. A., and Wilson, A. E. 2013. Eutrophication: Causes, Consequences, and Controls in Aquatic Ecosystems. Available at: **www.nature.com/scitable/knowledge/library/eutrophication-causes-consequences-and-controls-in-aquatic-102364466/** (Accessed September 20, 2023).

Falkowski, P. 2012. Ocean Science: The power of plankton. *Nature* 483: S17–S20.

Hays, G. C., Richardson, A. J., and Robinson, C. 2005. Climate change and marine plankton. *Trends in Ecology & Evolution* 20: 337–344.

Henson, S. A., Cael, B. B., Allen, S. R., and Dutkiewicz, S. 2021. Future phytoplankton diversity in a changing climate. *Nature Communications* 12: 5372.

Issac, M. N., and Kandasubramanian, B. 2021. Effect of microplastics in water and aquatic systems. *Environmental Science and Pollution Research* 28: 19544–19562.

Jacques, G., Tréguer, P., and Mercier, H. 2020. *Oceans: Evolving Concepts*. United States: John Wiley & Sons.

Kennish, M. J. 2019. *Practical Handbook of Marine Science*. United States: CRC Press.

Kilham, P., and Hecky, R. E. 1988. Comparative ecology of marine and freshwater phytoplankton. *Limnology and Oceanography* 33: 776–795.

MacRae, G. 2020. Will climate change threaten Earth's "other lung"? Available at: **https://therevelator.org/phytoplankton-climate-change/**
(Accessed September 20, 2023).

Lenz, P., Hartline, D. K., Purcell, J. E., and Macmillan, D. L. 2021. *Zooplankton: Sensory Ecology and Physiology*. United Kingdom: Routledge.

Lythgoe, J. N. 1979. *The Ecology of Vision*. United Kingdom: Oxford University Press.

Matveev, V., and Robson, B. J. 2014. Aquatic food web structure and the flow of carbon, *Freshwater Reviews* 7: 1–24.

McEdward, L. R. 2020. *Ecology of Marine Invertebrate Larvae*. United States: CRC Press.

McManus, M. A., and Brock Woodson, C. 2012. Plankton distribution and ocean dispersal. *Journal of Experimental Biology* 215: 1008–1016.

Möllmann, C., Müller-Karulis, B., Kornilovs, G., and St John, M. A. 2008. Effects of climate and overfishing on zooplankton dynamics and ecosystem structure: regime shifts, trophic cascade, and feedback loops in a simple ecosystem. *ICES Journal of Marine Science* 65: 302–310.

Moss, B. 2017. *Ponds and Small Lakes: Microorganisms and Freshwater Ecology*.
United Kingdom: Pelagic Publishing.

Pereira, L., and Gonçalves, A.M.M. 2022. *Plankton Communities*. United Kingdom: IntechOpen.

Pomeroy, L. R., leB Williams, P. J., Azam, F., and Hobbie, J. E. 2007. The microbial loop. *Oceanography* 20: 28–33.

Portmann, J. E. 1975. Bioaccumulation and effects of organochlorine pesticides in marine animals. *Proceedings of the Royal Society* B 189: 291–304.

Ratnarajah, L., Abu-Alhaija, R., Atkinson, A., Batten, S., Bax, N. J., Bernard, K. S., Canonico, G., Cornils, A., Everett, J. D., Grigoratou, M., Ishak, N. H. A., Johns, D., Lombard, F., Muxagata, E., Ostle, C., Pitois, S., Richardson, A. J., Schmidt, K., Reynolds, C. S., and Padisák, J. 2013. "Plankton, Status and Role of." *Encyclopedia of Biodiversity*, Second Edition, pages 24–38.

Santhanam, P., Begum, A., and Perumal, P. 2019. *Basic and Applied Zooplankton Biology*. Singapore: Springer.

Shen, M., Ye, S., Zeng, G., Zhang, Y., Xing, L., Tang, W., Wen, X., and Liu, S. 2020. Can microplastics pose a threat to ocean carbon sequestration? *Marine Pollution Bulletin* 150: 110712.

Sherr, E., and Sherr, B. 2008. "Understanding roles of microbes in marine pelagic food webs: a brief history." *Microbial Ecology of the Oceans*, Second Edition, pages 27–44.

Stemmann, L., Swadling, K. M., Yang, G., and Yebra, L. 2023. Monitoring and modelling marine zooplankton in a changing climate. *Nature Communications* 14: 564.

Teodósio, M. A. 2020. *Zooplankton Ecology*. United States: CRC Press.

Woodhouse, A., Swain, A., Fagan, W. F., Fraass, A. J., and Lowery, C. M. 2023. Late Cenozoic cooling restructured global marine plankton communities. *Nature* 614: 713–718.

Yamaguchi, R., Rodgers, K. B., Timmermann, A., Stein, K., Schlunegger, S., Bianchi, D., Dunne, J. P., and Slater, R. D. 2022. Trophic level decoupling drives future changes in phytoplankton bloom phenology. *Nature Climate Change* 12: 469–476.

PICTURE CREDITS 写真クレジット

著者および出版社は著作権画像の掲載を許可してくださった以下の皆様に感謝致します。著作権者を調べ、画像の使用許可を得られるよう手を尽くしましたが、もし誤りや不足などがありましたらお詫び申し上げます。ご連絡を頂けましたら、今後の再版時に訂正させていただきます。

Alamy/Biosphoto: 33 (left); Blue Planet Archive: 27, 93 (left), 166-167; Andrey Nekrasov: 171; Alf Jacob Nilsen: 90; Scenics & Science: 45, 47, 121, 126; SeaTops: 39; Frank Staples: 140; WaterFrame: 169 (bottom left).

Ardea/Paulo Di Oliviera: 53.

© Lyse Bérard-Therriault, Maurice Lamontagne Institute, Fisheries and Oceans Canada: 207.

Biodiversity Heritage Library/University of California Libraries: 32.

Chisholm Lab: 201.

Eawag, Jonas Steiner: 37.

© ESA. Data source: NOAA: 184.

Getty Images/Abstract Aerial Art: 169 (top right); Andalou Agency: 165; Philippe Bourseiller: 33 (right); Cavan Images: 169 (bottom); De Agostini Picture Library: 151; Albert Lleal Moya: 77; Alexander Semenov: 25 (bottom), 213; Westend61: 124; Wildestanimal: 87; Sam Yeh: 29 (bottom); Wong Yu Liang: 100 (top).

Russ Hopcroft, University of Alaska: 41, 173.

Ibarbalz et al., 2019, https://doi.org/10.1016/j.cell.2019.10.008: 193 (top).

iStock/Felice Placenti: 62.

MARUM—Center for Marine Environmental Sciences, University of Bremen, CC BY: 70 (bottom).

NASA/Alex Gerst: 139; Goddard Space Flight Center Scientific Visualization Studio: 129 (bottom); Norman Kuring: 54, 197; MIT Darwin Project, ECCO2, MITgcm: 193 (bottom); Jeff Schmaltz: 194; Joshua Stevens and Lauren Dauphin: 111; USGS/Landsat 7: 156.

Nature Picture Library/Franco Banfi: 51, 132; Gary Bell/Oceanwide: 85, 105 (top left); Mark Carwardine: 75 (top); Jordi Chias: 191 (bottom left); Georgette Douwma: 26 (top), 81; Jurgen Freund: 198; Shane Gross: 117; Nick Hawkins: 143; Richard Hermann/ Minden: 83; Michael Hutchinson: 141; Albert Lleal: 167 (right);

Magnus Lundgren: 11 (top), 31, 109 (top), 147; Juan Carlos Munoz:

73; Alex Mustard: 61, 108, 191 (right), 217; Alex Mustard/2020 Vision:105 (right); Flip Nicklin/Minden: 130; Kevin Schafer/Minden: 64 (bottom left); Scotland: The Big Picture: 25 (top); 135; David Shale: 123; Henley Spiers: 12, 152, 195; Kim Taylor: 58; Doc White: 105 (bottom left); Norbert Wu: 104, 113; Tony Wu: 10, 109 (bottom); Solvin Zankl: 7, 11 (bottom), 26 (bottom), 107, 175.

NOAA/Zachary Haslick/Aerial Associates Photography: 164; NOAA Ocean Exploration, Voyage to the Ridge 2022: 70 (top); OET, CC BY: 100 (bottom); Vera Trainer/Climate.gov: 115.

Science Photo Library: 31 (top); AMI Images: 34 (bottom); John Clegg: 35; Michel DeLarue, ISM: 203; Eye of Science: 19 (right), 119; Frank Fox: 59, 93 (right), 103 (right), 177; Karl Gaff: 129 (top left); Gerd Guenther: 19 (left), 110, 162 (center); Steve Gschmeissner: 21, 49, 145, 186; Denis Kunkel Miscroscopy: 162 (bottom); Hakan Kvarstrom: 181; Marek Mis: 89; Alexander Semenov: 9, 30, 63; Claire Ting: 96; US Geological Survey: 71; Wim van Egmond: 18, 28, 29 (top), 36 (right), 43, 103 (left), 106, 179, 205, 209, 211, 215; M. I. Walker/Science Source: 79; Dirk Wiersma: 94; Jannicke Wiik-Neilsen: 20.

Shutterstock/Peter Adams Photo: 14; Choksawatdikorn: 36 (left), 137, 155, 157; Danita Delimont: 64 (bottom right); Divedog: 56-57; Fujilovers: 189; Elizaveta Galitckaia: 169 (top left); Eran Hakim: 199; Ekky Ilham: 92, 127; Irabel8: 72; Levent Konuk: 23; Bell Ka Pang: 190; Lebendkulturen.de: 16; Brian Maudsley: 138; Mikadun: 188; Tran MinhTri: 187; Pawanya Phatarakulkajorn: 24; RugliG: 66-67; Saber Photography: 182; Wolfgang Schreibmayer: 64 (top); Vadviz. studio: 129 (top right); Wildestanimal: 75 (bottom); Diana Will: 162 (top); Wonderisland: 191 (top left); Lynn Yeh: 68.

Daniel Thiel, Gaspar Jekely and Jurgen Berger, CC BY: 149.

Unsplash/Ahmed Nishaath: 67 (right).

INDEX 索引

サ

タ

ナ

ハ

マ

ヤ

ラ

ワ

A～Z

著者紹介

Tom Jackson トム・ジャクソン

『Strange Animals』や『Genetics in Minutes』などの人気書籍も手がけたサイエンスライター。20年以上の作家生活の中で100冊以上の本を執筆。多数の雑誌に寄稿しており、アホロートルからゾロアスター教まであらゆる分野を扱う。専門は自然史、テクノロジー、科学全般。ブリストル大学で動物学を学び、動物園や自然保護活動家として働いたこともある。

Jennifer Parker ジェニファー・パーカー

動物学と自然保護を専門とする作家兼アーティスト。
動物学で学士、古人類学で理学修士、絶滅危惧種回復に関する大学院のPGD学位を取得している。大人向けのノンフィクション動物本を数冊執筆。

監修者紹介

Andrew Hirst アンドリュー・ハースト

南極からグリーンランドやグレートバリアリーフまで、世界中で研究を行っているプランクトンの第一人者。東京大学の特別研究員として2020年4月まで日本の大気海洋研究所で勤務。

小針 統 こばり・とおる

鹿児島大学水産学部水圏科学分野教授。北海道大学水産学部博士号修了。専門は水圏のライフサイエンス。一年の多くを海洋での研究・調査に費やし、プランクトンの生態研究や水産資源との関わりに力を注いでいる。

迫力ビジュアル図鑑

プランクトンの世界

2025年1月25日　初版第1刷発行

著者　トム・ジャクソン（©Tom Jackson）
　　　ジェニファー・パーカー（©Jennifer Parker）

発行者　津田 淳子
発行所　株式会社グラフィック社
〒102-0073
東京都千代田区九段北1-14-17
Phone 03-3263-4318
Fax 03-3263-5297
https://www.graphicsha.co.jp

制作スタッフ
監修　小針 統
翻訳　和田 侑子
デザイン　神子澤 知弓
編集　金杉 沙織
制作・進行　本木 貴子・三逵 真智子（グラフィック社）

ISBN978-4-7661-3974-7　C0045
Printed in China